原理からわかる
モータ技術入門

石橋 文徳 著

Introduction to Motor Engineering

丸善出版

はじめに

　本書は，モータの原理や利用技術に関し，電気技術者のみならず，モータの知識が時に求められるロボット技術者や機械技術者の方々が，高校程度の物理の知識でも戸惑わず理解できるように，原理が直感でわかる多くの図を添えながらできるだけ平易に解説したものである．また，従来あまり詳しく説明されていない事柄についても，その物理的意味も含めて記述している．

　今日，パソコンの高性能化に伴い，モータの設計や特性解析が簡単に行えるようになったが，重要なのは計算された数値の物理的な意味である．この本では計算で得られた数値の物理的な意味が理解できるように，モータを知る上での基礎的知識である電気や磁気に関する知識を基本から解説している．

　電気機器やモータの専門書に取り組む前に，この本を読めば，専門書を理解するのに必要な電気磁気の基本を一通り習得できる．

　第1章では，最近のモータ事情，モータの分類，環境との関係や将来動向などを説明した．また，どんな所にどんなモータが使用されているかをわかりやすく解説している．

　第2章では，モータの仕組みを理解するために必要な電気・磁気の基礎的な事柄を原理から説明するとともに，現象を適切に表すために必要な数式についても平易に解説した．

　第3章では，これらのモータを使うに当たって，実際に必要とされる技術や計算式を簡潔に説明している．

第4章では，主要なモータについて第2章の電気的・磁気的な基礎に基づいて，各種モータの回転原理を説明した．さらに，そのモータの特徴や特性についても構造図などを用いて解説している．また，パワーエレクトロニクスに関係するモータ側の技術も盛り込んだ．

　筆者はメーカーでモータの設計や開発に30余年携わり，実践的な技術を習得した．その後，10余年教育の現場でモータに関する理論を電磁気の基礎から講義した．本書にはこれらの経験から得た，モータを知る上で真に必要な内容を盛り込んでいる．ただ，この本では最初からすべてを理解する必要はない．ざっと読んで，どんなことが書いてあったかを頭に入れて，後で必要になった時にじっくり読んでいただければ幸いである．

　本書が，モータの物理的な性質を理解するのに多少なりとも役立つことを願っている．

　最後に，本書のきっかけを作ってくださった向井真紀氏に，また，本の制作出版に種々のご助言をいただいた丸善出版株式会社の渡邊康治氏と木村奈津子氏に感謝します．

2011年9月

石　橋　文　徳

目　次

記号説明　　vii

Chapter 1　モータのトレンド　　1
1-1　最近のモータ …………………………………………… 1
1-2　モータの分類 …………………………………………… 3
1-3　環境にやさしいモータ ………………………………… 7
1-4　モータの近未来 ………………………………………… 8

Chapter 2　モータの基礎　　11
2-1　磁石（永久磁石，電磁石）……………………………12
2-2　磁束，磁束密度，起磁力と透磁率 ……………………16
2-3　磁気回路と電気回路，漏れ磁束 ………………………17
2-4　電磁誘導，渦電流，誘導起電力 ………………………19
2-5　インダクタンス（自己インダクタンスと相互インダクタンス）……20
2-6　磁気吸引力 ………………………………………………21
2-7　モータのトルク（回転力）……………………………22
2-8　回転磁界 …………………………………………………24
2-9　電磁鋼板 …………………………………………………25
2-10　鉄　損 …………………………………………………27
2-11　ブラシとスリップリング ……………………………27

2-12　機械角と電気角 …………………………………………………28
2-13　磁束の浸透深さ（磁束と電流の表皮効果）………………29
2-14　直流磁束と交流磁束 ……………………………………………30
2-15　モータの運動方程式 ……………………………………………32
2-16　交流モータの d 軸-q 軸モデル ……………………………33

Chapter 3　モータの運転　37

3-1　銘板，定格 …………………………………………………………37
3-2　構造と形状 …………………………………………………………39
3-3　慣性モーメント，はずみ車効果 ………………………………41
3-4　始動，制動（ブレーキ）…………………………………………42
3-5　パワーエレクトロニクス，モータドライブとインバータ …………43
3-6　温度上昇 ……………………………………………………………47
3-7　保守，点検，故障 ………………………………………………48
3-8　特性測定・試験 …………………………………………………49
3-9　絶　縁 ………………………………………………………………51
3-10　計算式 ………………………………………………………………51
3-11　特性計算 ……………………………………………………………52
3-12　モータの選定 ……………………………………………………53
3-13　センサレス制御の概要 …………………………………………53
3-14　規　格 ………………………………………………………………55

Chapter 4　モータの実際　57

4-1　電気自動車のモータ ……………………………………………57
　4-1-1　ブラシレス DC モータ，永久磁石モータ ………………57
　4-1-2　コアレスモータ …………………………………………………63

4-2 新幹線・電車のモータ ……………………………………63
　4-2-1 3相誘導モータ ………………………………………63
　4-2-2 巻線形誘導モータ …………………………………73
　4-2-3 単相誘導モータ ……………………………………74
　4-2-4 くまとりコイル単相誘導モータ …………………75
　4-2-5 ソリッドロータ誘導モータ ………………………76
　4-2-6 設計と特徴 ……………………………………………76
4-3 プリンタのモータ（ステッピングモータ）………………76
4-4 掃除機のモータ ……………………………………………82
　4-4-1 単相交流整流子モータ ……………………………82
　4-4-2 スイッチドリラクタンスモータ …………………84
4-5 磁気浮上式鉄道（リニアモータ）…………………………86
4-6 ロボットのモータ …………………………………………90
　4-6-1 サーボモータ …………………………………………90
　4-6-2 ブレーキモータ ………………………………………93
4-7 模型のモータ（直流モータ）………………………………94
4-8 時計・タイマーのモータ（ヒステリシスモータ）………99
4-9 ファン・ポンプのモータ（同期モータ）………………… 101
4-10 マイクロマシーンのモータ（静電モータ）……………… 104
4-11 デジタルカメラのモータ（超音波モータ，圧電素子モータ）… 105

参考文献　　　　　　　　　　　　　　　　　　　　　　108
索　引　　　　　　　　　　　　　　　　　　　　　　　109

記号説明

本書で用いる主な記号と単位は以下のとおりである．これ以外の記号を用いる場合はその都度記号の説明を付している．

ε_0：真空誘電率（8.854×10^{-12}）
μ：透磁率（$\mu = \mu_0 \times \mu_r$）
μ_0：真空透磁率（$4\pi \times 10^{-7}$）
μ_r：比透磁率
δ：位相角 [rad]
ω：角速度（ベクトル），または角周波数（スカラ）[rad/sec]
τ：極ピッチ [m]
ρ：抵抗率 [Ωm] = $1/\sigma$ （σ：導電率 [S（ジーメンス）/m，または $1/(\Omega\text{m})$]）
θ：角度 [rad] または [度]
Φ, ϕ：磁束 [Wb]
ψ：鎖交磁束数 [Wb]
AC：交流（Alternating Current）
B, b：磁束密度 [T]，または [Wb/m^2]
d：浸透深さ [m]
D_r：ブレーキトルク [N・m・sec rad]
DC：直流（Direct Current）
E, e, e_2：電圧，誘導起電力 [V]
E_s：電界の強さ [V/m]
F：起磁力 [AT]（アンペアターン，Amper-Turn）
f：周波数 [Hz]
f_p：磁気吸引力 [N/m^2]
f_r：電磁力 [N]

記号説明

f_s：静電力 [N/m²]

GD^2：はずみ車効果 [kg・m²]

H：単位長当たりの起磁力 [AT（アンペアターン）/m]，または [A/m])

I, i：電流 [A]

i_1, i_2：1次巻線と2次巻線の電流 [A]

J：慣性モーメント [kg・m]

k：定数

k_h, k_e：ヒステリシス損と渦電流損の材料定数

L：自己インダクタンス [H]（ヘンリー）

L_1, L_2：1次巻線と2次巻線の自己インダクタンス [H]

L_{dq}：直軸と横軸リアクタンスの差 $(L_d - L_q)$

ℓ：平均磁気回路長，磁路長 [m]

ℓ_c：導体長 [m]

M：相互インダクタンス [H]

N：コイルの巻回数，ターン数

N_1, N_2：コイルの巻回数，ターン数

n_{min}：1分間の回転子の回転数（[min⁻¹] または [rpm]）

n_s：1分間の同期回転数，速度（[min⁻¹] または [rpm]）

n_{sec}：1秒間の回転子の回転数 [rps]

P：極数

P_{out}：出力 [W]

P_{cu}：銅損 [W]

p：磁気回路のパーミアンス

R, R_1, R_2：抵抗 [Ω]

r：回転子半径 [m]

Rel：磁気抵抗リラクタンス [A/Wb]

S：磁気回路面積 $[m^2]$

s：すべり（slip）

T：トルク $[N・m] = f_r(電磁力 [N]) \times r(半径 [m])$

T_1, T_2：温度 $[℃]$

T_L：負荷トルク $[N・m]$

t：時間 $[秒]$ または $[sec]$

t_1, t_2：時刻 $[秒]$ または $[sec]$

t_h：鉄板の厚さ $[m]$

V_e, v, v_2, v_1, v_2：電圧 $[V]$

V, V_s, v_s：速度または同期速度 $[m/sec]$

x：空間座標または位置 $[m]$

電流の方向

⊗：紙面の手前から後ろ側へ流れている．

⊙：紙面の後ろ側から手前に流れている．

Chapter 1 モータのトレンド

　モータは英語では motor と表記される．一般的には原動機，エンジンということになり，自動車関係者などはエンジンと捉える場合があるが，本書で解説するモータは electric motor，すなわち電気モータのことである．電気モータ（モータ）はエネルギー変換効率が内燃機関（ガソリンエンジンやディーゼルエンジン）の 30～40% に対して，70～96% とよく，しかも電線から簡単にエネルギー（電力）を得ることができる．さらに，半導体や制御回路の発達により回転数やトルク（回転力）も簡単かつ高精度に制御できるようになった．このため油圧や空圧動力に置き換わり，自動車や工作機械では補助機器のみならず，メインの駆動力（エンジンや油圧機器）まで電動化・モータ化されるなど用途が拡大している．

　ただ，よいことばかりではなく，電線の破断や絶縁不良など，空気圧や油圧などの機械式と比較し，特有の弱点もある．

1-1　最近のモータ

　電気エネルギーを機械エネルギーに変換する電気モータは，自動車，電車，ロボット，家電製品，エレベータやエスカレータなど社会の至る所で使用されるようになり，応用範囲がますます拡大している．一方，モータの設計技術や制御技術の発達および磁石や絶縁材料などの開発により，新しいアイデアのモータや小形化されたモータが開発されている．

　しかしながら，モータは 19 世紀半ば頃には発明されており，100 年以上の歴史をもつ成熟製品でもある．モータの原型らしきものは 1821 年のファ

ラデーの電磁力回転実験であろう．1824年にアラゴ円板が発明され，1830〜1840年にかけて種々の直流モータが試作された．1880〜1890年代には回転磁界の原理が発見され，3相誘導モータが発明されている．3相誘導モータの場合，設計技術の進歩，絶縁材料の耐熱性の向上や鉄板の磁気特性改善などにより，1898〜1970年の間に体積が約1/15に小形化された．モータを構成するのは，鉄，銅，アルミ，絶縁物や磁石などであり，ロボットや自動車などに比較して構成は単純であるため，簡単なものは小学生でも作れる．

電化製品では，1980年にエアコンの室外機の誘導モータがインバータ駆動となり，インバータエアコンとなった．1993年頃から，インバータ（制御回路）が必要な高効率のブラシレスDCモータがエアコンのコンプレッサー駆動用として普及した．このモータは，さらにパソコンなどの冷却用ファン，ハイブリッド自動車，電気自動車，ロボットや家電製品などに急速にその用途を拡大しつつある．

従来，一般産業用や家庭用のモータでは誘導モータが大半を占めていたが，磁石材料の技術革新やモータ用の半導体制御装置（インバータ）のコストの急激な低下により，ブラシレスDCモータ（永久磁石モータ）が安価に製造されるようになり急速に普及した．このモータは誘導モータに比べ7〜8%高効率で，速度変更が容易である．

また，長年イギリスで研究されていたスイッチドリラクタンスモータも，洗濯機や掃除機で使用されるようになってきた．複写機やプリンターなどでは，回転位置や回転数を容易に制御できるステッピングモータが使用されている．通常，モータは回転運動機械であるが，直線運動をするリニアモータもある．回転形のモータと同時期に発明され，挫折を繰り返してきたリニアモータも，1990年以降ようやく産業機械や地下鉄などで実用化されている．

リニアモータはそれ自体が浮上して動くものでなく，移動のために車輪な

どで支持するか，磁気浮上用の電磁装置や空気浮上装置などが必要である．

このようにブラシレス DC モータをはじめとして，新しいタイプのモータが幅広く使用されるようになってきたが，安価なブラシ付直流モータや誘導モータも依然として多数使用されている．

日本で単品としてのモータの生産高は 2009 年で約 2 億 3000 万台で，その内訳は図 1.1 となる．この図から分かるように 70 W 未満の小形の直流モータがもっとも多い．また，別の統計では，ブラシレス DC モータは，エアコン，電気自動車（HEV/EV）やプリント基板などに取り付けられたものも含めると，約 4000 万台近くになると推定される．

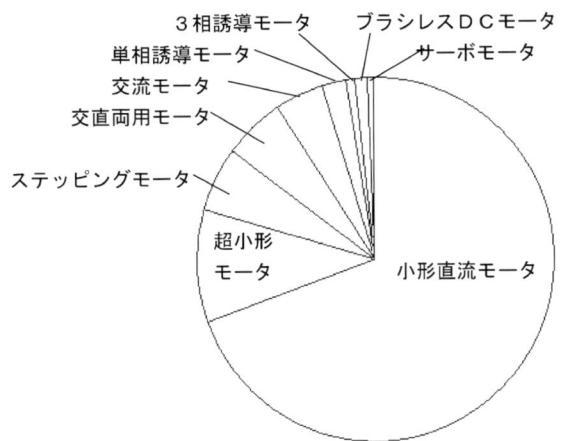

図 1.1　2009 年度モータ生産台数
（出典：日本電機工業会（JEMA）統計資料）

1-2　モータの分類

モータの分類の方法は電源，原理，構造，形状などいろいろあるが，電源と原理により分類すると表 1.1 のようになる．この表には記載していないが，図 1.1 中にあるサーボモータは，主にブラシレス DC モータ（永久磁石）や

表1.1 モータの分類

電源分類	原理による分類		主な用途
直流モータ	巻線励磁ブラシ付DCモータ		模型，自動車各種機器，鉄鋼，鉄道
	永久磁石ブラシ付DCモータ		車のワイパー
	ブラシレスDC(永久磁石)モータ		電気自動車 (HEV, EV), エアコン
交直両用モータ*	ユニバーサルモータ (交流整流子モータ)		ドライヤー，掃除機，電動工具
交流モータ	誘導モータ	3相かご形誘導モータ	電車，新幹線，エスカレータ
		3相巻線形誘導モータ	スキーリフト，ロープウェイ
		単相誘導モータ	扇風機，冷蔵庫，洗濯機
	同期モータ	巻線励磁同期モータ	鉄鋼用大形ブロアー
		永久磁石同期モータ	一部エアコン，紡錘機
		ヒステリシスモータ	タイマー，超高速遠心分離機
	スイッチドリラクタンスモータ		掃除機（ダイソン），洗濯機（米国）
	ステッピングモータ		プリンター，スキャナー，複写機
特殊モータ	静電モータ		ICチップ内のポンプ
	超音波モータ		カメラレンズ駆動，パーツフィーダ

＊ 直巻直流モータと同一構造で単相交流電源駆動．

表1.2 モータの形状分類

タイプ	構造	形状	主な用途
モータ（回転形）	インナーロータ形	円筒形	通常のモータ
	アウターロータ形	外回転形	巻取機，天井扇
	ディスク形	円板形	薄形エレベータモータ
リニアモータ（直線形）	フラット形，チューブ形	平板形，円筒形	地下鉄，電車のドア

3相かご形誘導モータに速度を検知する精密なエンコーダなどのセンサを取り付けて，制御装置と組み合わせて速度やトルクを制御するようにしたものである．2000年頃以降，制御理論の発達により，センサレスサーボモータ

も出現している．

　表1.2のリニアモータは回転形のモータを直線状に展開したもので，すべての回転形モータはリニア形に展開できる．構造・形状の違いによる分類において特徴的なものとしてアウターロータ形とディスク形がある．アウターロータ形は外転形と称され外側が回転するタイプであり，ディスク形は円盤状にしたタイプである．ディスク形モータは狭いスペースに設置でき，ヨーロッパで開発されたエレベータ用のブラシレスDCモータが日本にも輸入さ

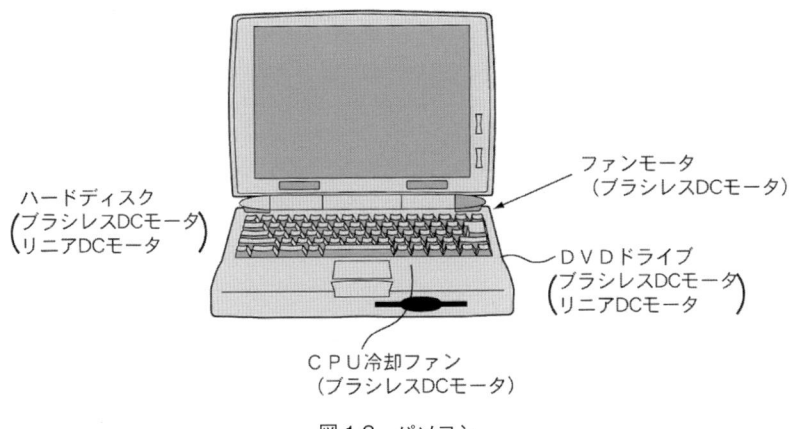

図1.2　パソコン

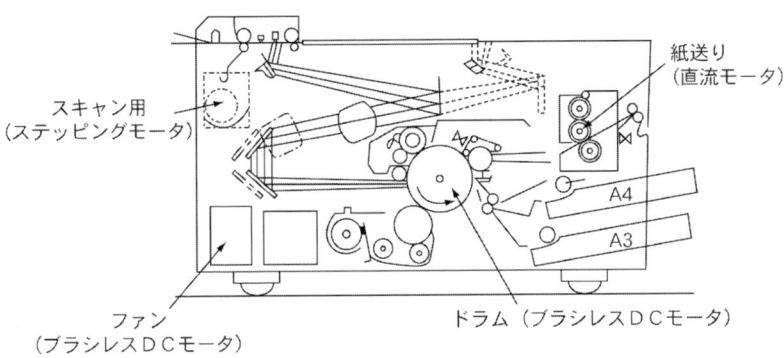

図1.3　複写機

れている．

自動車，家電機器や輸送機器などに使用されている主なモータについて，代表的なものを図1.2～1.6に示した．これらの図をみても現代の生活では

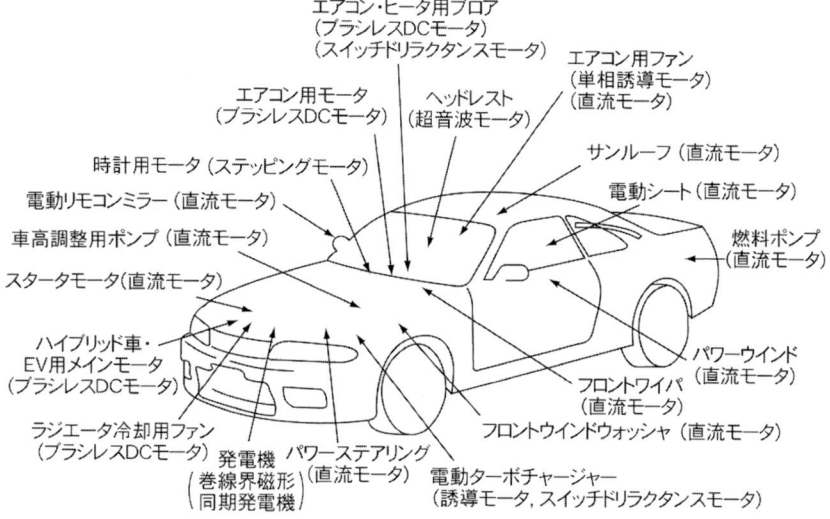

図1.4 自動車

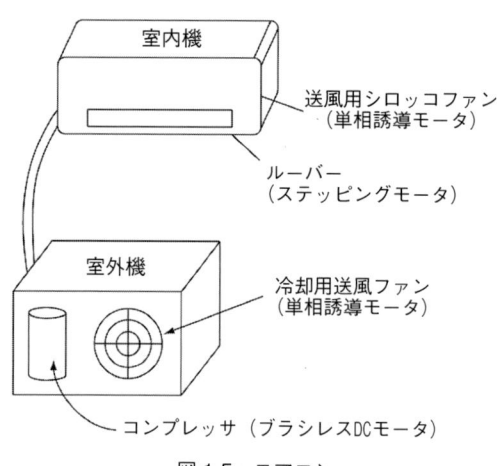

図1.5 エアコン

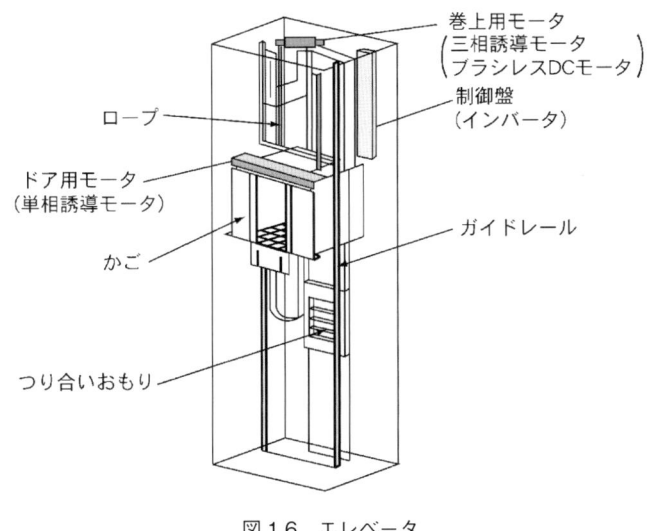

図 1.6　エレベータ

モータとの関わりをもたない日は一日たりともないことがわかる．

1-3　環境にやさしいモータ

　地球の環境を悪化させないために，種々の家庭用・交通用や産業用などのすべての機器に対して，環境に配慮することが求められている．モータはほかの駆動機器に比較して効率が高く，投入エネルギーに対する出力エネルギーが大きいため，資源を有効に活用しているといえる．すなわち，エネルギーロスが少なく周囲の環境への影響が小さい．

　しかし，モータ化（電動化）が進展するにつれて，総発電量に占めるモータの消費エネルギー割合が世界的には約40％，日本では50％に達するようになってきており，モータをより高効率化することが一層重要となってきている．全モータの効率を1％向上させると，発電所1基分に相当する電力が節約できるという．

　高効率　このような点から，モータの更なる高効率化が求められており，

世界各国で法制化の動きがある．誘導モータでは米国が先行している．すでに 2002 年から全負荷効率が法律に規定された効率に達しない 3 相交流誘導モータは出荷できないことになっており，高効率モータの使用が義務づけられている．日本では高効率モータのガイドラインが示されているが，ヨーロッパと足並みを揃えて，数年以内に法制化されると考えられる．法制化されれば規定を満たさない効率のモータは製造，販売できなくなる．

騒音，振動　　周囲の環境との調和において，モータが影響を与えるものとして，騒音や振動もその一つである．モータの騒音や振動は大別すると磁気に起因する電磁騒音，ファンによる通風騒音およびベアリングやブラシなどが発する機械騒音がある．最近では，インバータで運転する場合に発生する電磁騒音を電子音として区別する場合もある．当然のことながら，これらの騒音をできるだけ小さくすることが求められているが，騒音や振動は発生源である電磁力，空気の渦やベアリングの転がりなどの起振力のほかに，騒音や振動が伝達，拡大する構造物（機械系）も共振現象などとして関与しているため，騒音や振動を小さくするには，磁気などの電磁的な対策と共振などの機械構造的な対策の両方を行う必要がある．

1-4　モータの近未来

　モータは電磁気を利用した電磁機械であり，近年，磁石や導体としてアルミが加わったものの，発明されてから今日に至るまで鉄，銅と絶縁という基本的な構成は変わっていない．したがって，モータには画期的な技術の飛躍はなく，鉄や絶縁材料の進歩，および新しい磁気回路構成などといった地味で着実な技術開発が積み重ねられている．近年注目されている超電導モータは巻線の導体材料の開発に負うところが大きい．このモータは非常に小形化できるが，低温で鉄の損失がかえって増加するなど解決すべき技術的課題もあり，実用化には至っていない．しかしながら，これらの課題が克服されて，

常温超電導モータが実用化されれば，近い将来，画期的に小形化かつ高性能化したモータが誕生することになる．

またここ数年，急速に生産量を拡大しているブラシレスDCモータは希土類を使用した磁石を使用している．現時点で，この希土類の90%以上は中国のみで産出されており，安定的な供給に不安がある．このため，希土類磁石でないフェライト磁石を使用したブラシレスDCタイプのモータの研究開発が行われている．また，電気自動車用として，ブラシ付直流モータや誘導モータの検討も行われている．

今後，モータは地道な研究開発，工夫や新しい材料の出現により，小形化，軽量化，高出力化していくと考えられる．同時に，環境に配慮して，高効率化や低騒音化が重要な課題となる．

Chapter 2 モータの基礎

　モータは電源を入れると回転し始める．これは，回転子（ロータ）に電磁力による回転力，すなわちトルクが発生するからである．電磁力の発生原理はフレミングの左手の法則による力と磁気力による吸引力のどちらか，またはその組合せによる．

　フレミングの左手の法則によれば，磁界中の導体に直流を流すと導体に電磁力が発生し，その結果，導体が移動する．同時に磁石のN極とS極の吸引力や磁気を帯びた鉄が引き合う力による磁気力によるトルクが発生する．

　このように，モータは磁気と電流を利用する．鉄は磁気を良く通すことから，モータでは鉄が固定子（ステータ）や回転子（ロータ）に使用されている．鉄では磁石や磁気を発生させるために流す電流の量に対して，磁気はその量に比例しては増加しない．磁束密度が1.8～2.0テスラ[T]程度以上では電流に比例して磁気が増加しないという面白い性質，すなわち非線形性を有している．この非線形性がモータにとってもっとも厄介な性質であるとともに興味深く，一筋縄ではいかないところである．多くのモータ技術者のみならず，モータを使用する制御技術者も磁束の漏れとともにもっとも頭を痛めるところである．

　モータでは磁界が家庭用の電源と同じように50 Hzや60 Hzなどで変化する．鉄の中で磁界の向きが変化すると一般に周波数の1.2～2乗に比例して鉄の損失，いわゆる鉄損が発生する．同様の損失には，電流が銅線を流れることにより発生する銅損がある．さらに，軸受（ベアリング）などで発生する機械損や冷却のために軸についているファンによる風損がある．回転数が

毎分10000回転にもなると回転数の2乗で増加する風損も非常に大きなものとなる．これらの損失はモータでは熱となり，モータにとって特性の次に重要な課題である温度や冷却の問題となる．

モータでは性能が目標どおりに出ることがもっとも重要であるが，これに関連して技術者が気にするのは温度である．モータには銅線と鉄心を絶縁するために，エナメル線や絶縁物が使われている．これらは紙や布，ポリエステルなどの有機物であり，温度が高くなると絶縁性能が低下し，さらに温度が上昇すると焼損する．このため，モータでは使用する絶縁物によってモータの許容温度が規格で規定されている．

磁石も熱に弱く，ブラシレスDCモータ（永久磁石モータ）では設計が良くないと磁石自身にも多くの損失が発生するとともに，磁石の温度が上がることにより磁石の磁力が弱くなったり，あるいは磁石を鉄に貼り付けている接着剤が劣化し磁石がはがれる場合もある．

このように，損失によって発生する熱により，モータの温度がどの程度上昇するかを計算することは，モータの設計にとっては性能の次に重要なことである．

2-1 磁石（永久磁石，電磁石）

電気自動車用モータやエアコンの室外機用モータなどに使用されているのが磁石（永久磁石）である．永久磁石はその名のように，それ自身，何度使っても減ることのない磁気エネルギーをもっている．

磁石は北極を向く方がN極，南極を向く方向がS極で，その磁石からは磁気の流れを示す磁束（磁束線）がN極からS極に向かって図2.1のように出ている．

また，図2.2のように，鉄に銅線などを巻いて直流や交流の電流を流して電磁石を作った場合も同じように磁束が発生する．電磁石では，磁束が出る

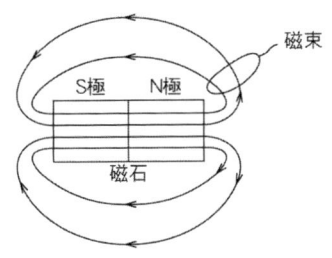

図 2.1 磁石（永久磁石）

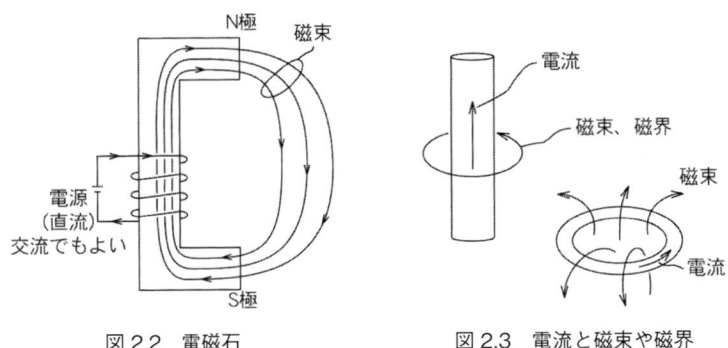

図 2.2 電磁石　　　　図 2.3 電流と磁束や磁界

ほうが N 極，磁束が流入するほうが S 極となる．電流の方向とその電流による磁束の方向は決まっており，図 2.3 のようになる．図から分かるように右ねじの進む方向に電流を流すと，右ねじを回す方向に磁束が発生する．これを「電流と磁束のアンペアの右ねじの法則」という．

また，鉄がなく線のみでコイルを作った場合でも，線の周囲に磁界ができて電磁石となるが，鉄を含むものよりも磁束量は少なく磁力は弱い．この電磁石は永久磁石と異なり，電流がなくなると磁力もなくなる．しかし，鉄などの強磁性体では，一度磁化されると電流がなくても残留磁気が残り，弱い磁石となっている．

永久磁石の磁気エネルギーを利用した永久磁石モータやブラシレス DC モータは永久磁石を利用しない誘導モータよりも効率がよい．現在使用され

表2.1 おもな永久磁石の分類

種　類	特　徴
ネオジウム磁石	もっとも強力 主成分が鉄のためさびやすい 300℃程度まで使用可能
サマリウムコバルト磁石	耐食性が良い 200℃程度まで使用可能
フェライト磁石 （バリウムフェライト磁石） （ストロンチウムフェライト磁石）	磁力は弱いが，安価 渦電流損が小さく高周波向き
アルニコ磁石	アルミ，ニッケルやコバルトなど 混ぜて鋳造した鋳造磁石 強力であるが，高価 800℃近くまで使用可能

ている永久磁石は表2.1のような種類がある．希土類磁石の一種であるネオジウム-鉄系の磁石がもっとも強力で，多くの分野で使用されている．希土類磁石にはわずかな量のジスプロシウムやランタノイドなどのレアアースが必要である．

永久磁石の特性は図2.4のように直交グラフの第2象限の減磁曲線で示さ

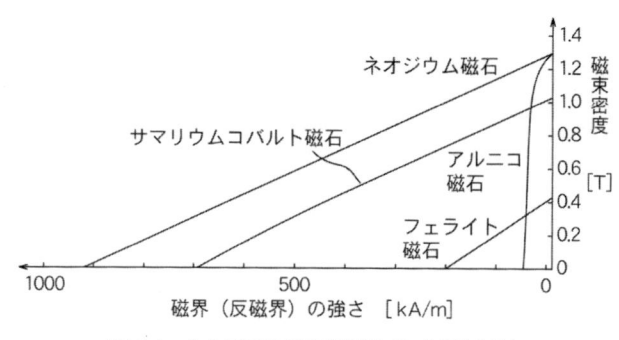

図2.4 永久磁石の磁気特性比較（減磁曲線）

2-1 磁石（永久磁石，電磁石）

表2.2 磁石に関する主な用語の定義

用 語	定 義
磁 界	磁石や電流の周りに存在する力のベクトル場．物理学分野では「磁場」，工学分野では「磁界」という．磁界の強さ H の単位はアンペア毎メートル [A/m]．
磁 化	磁界の影響下で磁性体が磁性を持つこと．磁石材料を磁化させることを着磁という．
消 磁	磁性をなくすことを消磁または脱磁という．消磁の方法は，消磁したいものに交流磁界をかけ，これを小さくしていくことで磁性を減少させる．
電磁力	磁界の中で導体に電流が流れた時，導体に発生する力のことをいい，フレミングの左手の法則による力であり，モータを動かす力となる．ローレンツ力ともいう．電磁力の大きさは，f(電磁力の大きさ) = B(磁束密度)×l(導体の長さ)×i(電流) で表される．なお，ローレンツ力は，電界中の電荷に働く力も含む．
磁気力	磁石の N-N 極，S-S 極には互いに反発する力，N-S 極には互いに引き付け合う力が生じるが，この磁極間に生じる力のことを磁気力または磁力という．
磁性体	磁界の影響を受け磁化される物質を磁性体という．強く磁化されるものを強磁性体といい，鉄や磁鉄鉱，永久磁石の材料などがある．磁化されない物質を非磁性体といい，紙やプラスチック，金属では金・銀・銅・アルミニウム・マグネシウムなどがある．また強磁性体の物質には，一旦磁化させると磁界がなくなっても磁性を保ち続ける硬磁性のものと，外部磁界がなくなると磁性も失ってしまう軟磁性のものがある．硬磁性物質としてはフェライトなどの永久磁石材料，軟磁性としては軟鉄やパーマロイが代表的．軟磁性体は，トランスの磁心や磁気ヨーク，磁気シールド等に使われる．
磁力線	磁界は大きさと方向を持つベクトル場で，この方向成分を仮想的な線で表したものを磁力線という．磁力線は，磁石 N 極から出て S 極へ戻るように表すが，この間隔が狭くなると磁力が強いことを表す．磁力の方向は，磁石周囲に砂鉄などをばらまくことで，方向性を含めた磁界の様子が確認できる．
磁束・磁束密度	磁力線の集まりを磁束という．単位面積当たりの磁束を磁束密度といい，磁界のある点の磁力（これもベクトル量；強さだけではなく方向も持つ）を表す．磁束密度 B の単位はテスラ [T] または [Wb/m²]．
パーミアンス係数	磁石には磁場があるが，同時に必ず反対方向の磁場（反磁場）が発生する．反磁場は磁石を弱める要素で形状に依存するが，パーミアンス係数とは，この反磁場に対する磁束密度で定義される．一般的には着磁方向の距離（厚さ）が極の表面積に比較して小さくなるほど反磁場が大きくなり，パーミアンス係数は小さくなり磁力も弱くなる．パーミアンス係数を $B-H$ 曲線に合わせて表示したものをパーミアンス直線といい，磁石の挙動を知るうえで重要な指標となっている．

れる．フェライト磁石の強さを1.0とすると，アルニコ磁石は1.7，サマリウムコバルト磁石は7.0，ネオジウム磁石は9.0の強さである．磁石を使用した磁気回路での磁束密度は漏れ磁束も考慮したパーミアンス直線（係数）により求められる．なお，パーミアンスは磁気抵抗の逆数で磁束の漏れがある磁気回路ではよく用いられる．

表2.2に磁石に関する基本的な用語とその定義を示したので参照されたい．

2-2 磁束，磁束密度，起磁力と透磁率

磁束は図2.1のように，永久磁石や電磁石のN極からS極へ行き，S極の中を通ってN極の出口の裏側へ行き，一周で終了となる．輪ゴムのように連続したループとなる．磁束はϕ[Wb]で表され，Weber（ウェーバー）である．電流による磁束では，電流の方向が1秒間に50回も変化する交流，50Hzでは磁束の方向も同じ回数変化をする．

この磁束の単位面積（$1\,\text{m}^2$）当たりの量が磁束密度Bであり，[T]（テスラ，Tesla）または[Wb/m^2]で表す．図2.5は磁気を帯びやすい強磁性体の鉄製のリアクトル（巻線を利用した受動素子のこと）である．電流と巻線の起磁力により，鉄の中に磁束が発生する．磁束線に沿った鉄心一周の経路が磁気回路である．この磁気回路の起磁力Fや磁束ϕの関係は次式で表される．

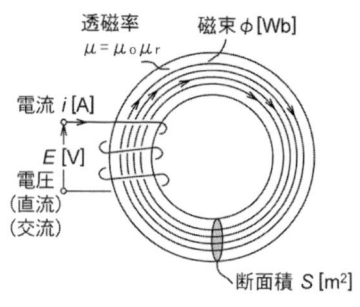

図 2.5 リアクトル（鉄）

$F = N \times i$
$H = N \times i / \ell$ (2-1)
$B = \phi / S$

ここで，F：起磁力[AT]（アンペアターン，Amper-Turn），N：巻線の巻回数，i：電流[A]，H：単位長当たりの起磁力[A/m または AT/m]，ℓ：平均磁気回路長[m]，B：磁束密度[T または Wb/m^2]，ϕ：磁束[Wb]，S：鉄（磁気回路）の断面積[m^2]．

単位長さ当たりの起磁力 H と磁束密度 B の関係は次式で表される．大変重要な式である．

$B = \mu H$ (2-2)
$\mu = \mu_0 \times \mu_r$

ここで，μ：透磁率[H/m]，μ_0：真空透磁率（$4\pi \times 10^{-7}$ H/m），μ_r：比透磁率．

透磁率 μ は磁束の通しやすさの目安で，材料により決まる値で大きいほど良い．比透磁率 μ_r は非磁性体の空気，水，銅やアルミでほぼ 1.0 となる．強磁性体といわれる鉄は 100〜3000 ぐらいである．

不思議なことに，磁気を発生する磁石の比透磁率は空気などと同程度で，約 1.05 程度である．これは磁石の素材に多くの非磁性物質などが含まれているからである．

2-3 磁気回路と電気回路，漏れ磁束

電気回路は図 2.6 のように示される．磁石や電流により発生する磁束についても，図 2.5 のリアクトル鉄心では図 2.7 のように磁気回路として表すことができる．この磁気回路では，電気回路と同様に考えて，次のような関係式が成り立つ．

電気回路：電圧 E[V] = 電流 i[A] × 抵抗 R[Ω] (2-3)

磁気回路：$F = N \times i = \phi \times Rel$ (2-4)

$Rel = \ell/(\mu \times S)$ (2-5)

ここで，Rel：磁気抵抗[A/Wb]

この式(2-5)を式(2-4)に代入し，整理すると次のようになる．

$\phi/S = \mu \times (N \times i/\ell)$ (2-6)

ϕ/S は単位面積当たりの磁束[T]で，これは磁束密度 B([Wb/m^2] または[T])となり，$(N \times i/\ell)$ は磁気回路単位長当たりの起磁力 H[AT/m]なので，式(2-6)は式(2-2)となる．

これらの数式を電気回路との比較でまとめると表2.3のようになる．なお，本書では磁気抵抗（リラクタンス）を電気抵抗 R と区別するため，イタリック体3文字 Rel で表記する．

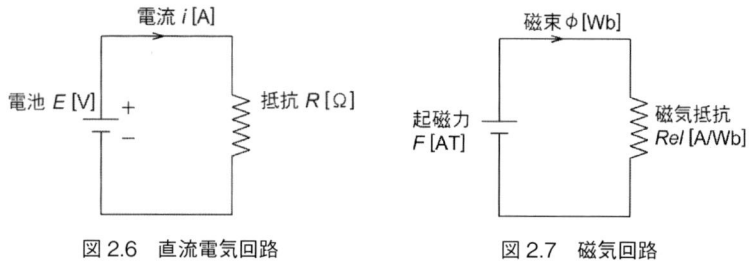

図2.6 直流電気回路　　　　図2.7 磁気回路

表2.3 電気回路と磁気回路の比較

	電気回路			磁気回路	
電圧	$E = i \times R$	[V：volt]	起磁力	$F = N \times i$	[A または AT]
電流	$i = E/R$	[A：ampere]	磁束	$\phi = N \times i/Rel$	[Wb]
抵抗	$R = \ell_c/(\sigma S)$	[Ω：オーム]	磁気抵抗	$Rel = \ell/(\mu S)$	[A/Wb]
導電率	σ	[S/m or 1/Ωm]	透磁率	$\mu = \mu_0 \times \mu_r$	[H/m]

ℓ_c：導体長[m]，[S/m]：[ジーメンス/m] = [1/(Ωm)]，μ_0：真空透磁率($4\pi \times 10^{-7}$)，μ_r：比透磁率，磁気回路のパーミアンス：$p = 1/Rel$，$B = \mu H$，$H = Ni/\ell$ [AT/m]，$B = \phi/S$[T]

磁気回路でも，電気回路と同様に磁気抵抗が大きいと磁束や磁束密度が小さくなる．鉄は磁気抵抗が小さく磁性体であり，空気，アルミや銅は磁気抵抗が大きく，非磁性体である．前述のように，磁気を発生する磁石自体も空気同様磁気抵抗が大きく自分では磁束を発生させるが，他からの磁束は通しにくい．

電気回路では電気を通す銅やアルミなどと，絶縁物のゴムなどとの抵抗率の比は 10^{13} と非常に大きいため，電流が銅線から漏れ出て，電線の被覆のビニールやゴムなどの絶縁物の中を流れることはない．一方，磁気回路では，鉄と空気の磁気抵抗の比は 100～5000 と小さいので，磁束は鉄の中を通るだけでなく，鉄から漏れて，鉄のまわりの空気中も通る．この鉄から漏れる磁束を漏れ磁束または漏洩磁束という．鉄の磁束密度が大きくなり磁束密度が飽和すると漏れ磁束が増加する．磁石などを含む磁気回路が性能を左右するモータではこの漏れ磁束をいかに減らし，かつ正確に計算するかがもっとも重要である．

2-4　電磁誘導，渦電流，誘導起電力

磁石を図 2.8 のように金属板の上で上下させるとレンツの法則によれば，金属板上に，磁界，磁束の変化を妨げるように誘導電流（渦電流）が流れる．

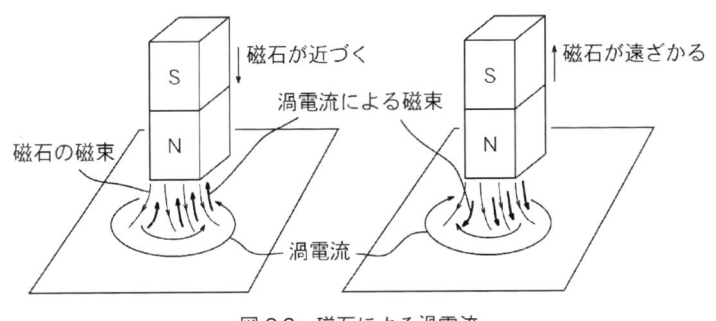

図 2.8　磁石による渦電流

これは，金属板上に誘導起電力が発生して，その結果電流が流れると考えられる．磁石のN極が金属板に近づく場合は，磁石のN極の磁束の増加を妨げるように電流が流れる．この電流による磁極もまたN極となる．逆に，磁石のN極が金属板から遠ざかる場合は，磁石のN極の磁束の減少を妨げるように電流が流れる．すなわち，減少する磁束を補うように電流が流れ，S極が発生する．巻数Nのコイルの誘導起電力の大きさはファラデーの電磁誘導の法則から次式となる．

$$e = -N\frac{d\phi}{dt} \tag{2-7}$$

ここで，e：誘導起電力[V]，N：コイルの巻数，ϕ：磁束[Wb]，t：時間[sec]

したがって，磁石が近づく場合と遠ざかる場合では金属板に発生する磁界（磁束）の極が逆になるので，この起電力と電流の方向も逆になる．これが金属板の渦電流あるいは誘導電流である．50 Hzでは1秒間に50回も方向や大きさが変化する．その結果，金属の板が熱くなる．これが調理用のIHヒータの原理である．IHヒータでは急速に温度を上げるため，高い周波数の磁束を使用している．

2-5　インダクタンス（自己インダクタンスと相互インダクタンス）

自己インダクタンス　　交流電源に接続されたコイルや鉄のリングに巻かれたコイル（図2.5）では，発生する磁束の変化を妨げる現象が発生し，この磁束の変化に対してコイル内には逆起電力（誘導起電力）が発生する．その結果，電流を流しにくくする抵抗のような効果が生まれる．これが式(2-8)に示した自己インダクタンスL[H]であり，電流が流れにくいため，電源の電圧に対して電流の位相が90度遅れる．

$$L = N^2/Rel \tag{2-8}$$

ここで，L：自己インダクタンス[H]（ヘンリー，Henry）

誘導起電力（逆起電力）とコイルにかかる交流の電源電圧は平衡して，等しいので，交流電源電圧，電流と誘導（逆）起電力やインダクタンスの関係は次式のようになる．

$$v = -e = N\frac{d\phi}{dt} = L\frac{di}{dt} \qquad (2-9)$$

$$N \times \phi = \psi = L \times i \qquad (2-10)$$

ここで，v：電源電圧[V]，e：誘導起電力（逆起電力）[V]，ψ：鎖交磁束数[Wb]

この式(2-10)は非常に重要な基本的な式である．この式から，電流を増加させると磁束ϕも比例して増加するが，鉄のB-Hカーブ（2-9節）に示すように，磁束の値が大きくなると飽和して，磁束が電流に比例して増加しなくなり，インダクタンスLは小さくなる．すなわち，インダクタンスLは実際は一定値でなく，磁束や電流により変化し，非線形である．数式などを使用した回路計算では一般にインダクタンスL一定で扱っており，これが実測と計算との差になる．

相互インダクタンス　このコイルが発生する磁束が鎖交する別のコイルにも，相互インダクタンスMにより電圧が発生する．この電圧は次式により計算される．

$$e_2 = -N_2 \frac{d\phi}{dt} = -M\frac{di}{dt} \qquad (2-11)$$

ここで，e_2：磁束が鎖効する別のコイルの発生電圧（誘導起電力）[V]，
　　　　N_2：磁束が鎖効する別のコイルの巻回数，M：相互インダクタンス
　　　　[H]

2-6　磁気吸引力

永久磁石や電磁石を鉄に近づけたり，あるいはN極とS極を近づけたりすると磁石が強い力で吸い付けられる．これを磁気吸引力といい，次式から

計算できる.また,同じ極同士を近づけると発生する反発力も同じ式で表される.

$$f_\mathrm{p} = (1/2) \times B^2/\mu_0 \tag{2-12}$$

ここで,f_p:磁気吸引力[N/m^2]

2-7 モータのトルク(回転力)

フレミングの左手の法則　モータが回る力はフレミングの左手の法則または電磁石や磁石の吸引力や反発力による.

図2.9(a)に示すように磁界の中に電流が流れる導体をおいたときに導体に次式の電磁力が発生する.

$$f_\mathrm{r} = Bi\ell \tag{2-13}$$

ここで,f_r:電磁力[N],B:磁束密度[T],ℓ:磁界中の導体長さ[m],i:電流[A]

これをフレミングの左手の法則といい,この原理で動いているのが,直流モータ,ブラシレスDCモータや誘導モータである.

また,磁気の力にはN極とS極が引き合う力によるものと,同極による反発力がある.これは,電磁石や磁石により発生したN極の磁束が鉄などの中を最短距離で通過して,離れているS極へ戻ろうとする場合に発生する力にもなる.モータでは固定子のNの磁極で発生した磁束が,狭いギャップを通過して回転子のSの磁極へ向かう.このN極とS極が引き合う力が回転力となる.このような原理で回転しているのが,同期モータ,ステッピングモータやスイッチドリラクタンスモータである.この回転力は磁束さえ増せば無限に大きくできるかというとそうはならない.鉄の磁束や磁束密度は鉄のB-Hカーブ(2-9節)に示されるように,飽和磁束密度以上に磁束を増加させるには,磁束を作るための励磁電流を非常に大きくする必要があるが,それに伴い磁束密度の増加率が減少する.

インダクタンスとトルク　フレミングの左手の法則，または磁石の吸引力によるモータの回転力を統一的に表すトルクの式は次のようになる．

$$T = \frac{1}{2} i_1^2 \frac{\partial L_1}{\partial \theta} + i_1 i_2 \frac{\partial M}{\partial \theta} + \frac{1}{2} i_2^2 \frac{\partial L_2}{\partial \theta} \tag{2-14}$$

ここで，T：電磁トルク[N・m]，i_1, i_2：コイル1と2の電流[A]，L_1, L_2：コイル1と2の自己インダクタンス[H]，M：コイル1と2の間の相互インダクタンス[H]，θ：回転角[rad]

この式では，コイルの自己インダクタンスや相互インダクタンスの回転角に対する変化がトルク（回転力）になることを示している．リニアモータでは回転角の代わりに，移動距離 (x) に対する変化となる．誘導モータでは後で述べるように回転子にも「かご」というコイルがあるので，この式でも計算できる．ステッピングモータやスイッチドリラクタンスモータでは回転子にコイルがない．しかし，固定子コイルの自己インダクタンスの変化によりトルク，すなわちリラクタンス（磁気抵抗）トルクが発生するので，やはりこの式で計算できる．さらに，この式は電磁石の吸引力やプランジャーの推力の計算にも適用でき，万能の式である．数式によるモータの特性計算では，電流に対して自己および相互インダクタンスが一定として計算するが，実際には磁束密度により変化する．この差が，計算と実測の差や制御時の速度やトルクの誤差である．

フレミングの右手の法則　導体が磁界中を速度 V[m/sec] で移動すると，フレミングの右手の法則により，図2.9 (b) のように，電圧 $e = VB\ell$[V] の誘導起電力が発生する．この誘導起電力は磁束の変化による誘導起電力（変圧器起電力）と区別して，速度起電力ともよばれる．これが発電所の発電機（同期発電機）や直流発電機の原理である．モータの場合にも導体が磁界中を移動するので，この誘導起電力（速度起電力）が発生する．モータの場合はこの起電力を逆起電力ともいう．モータが高速で回転すればするほど逆起電力

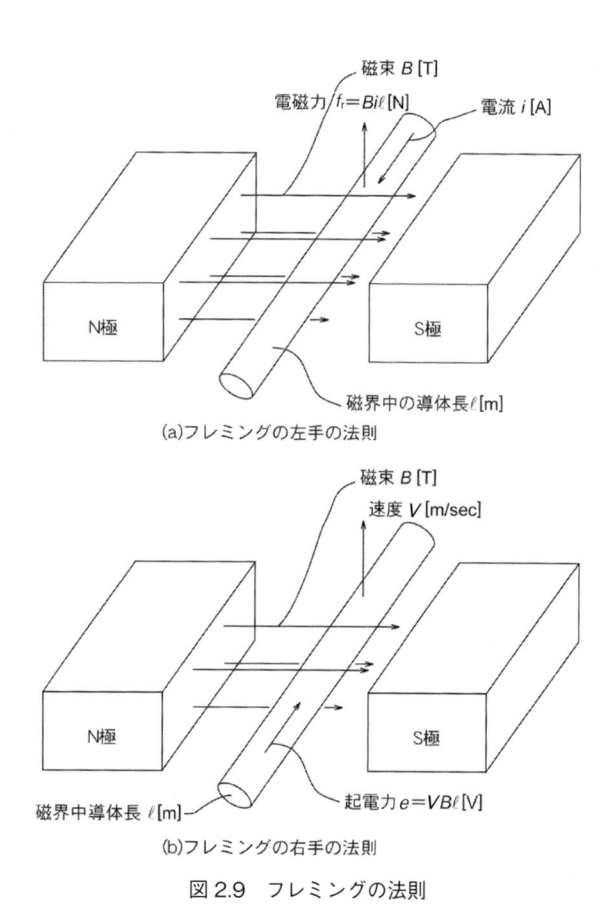

図中のラベル:
(a)フレミングの左手の法則
- 磁束 B [T]
- 電磁力 $f_t = Bi\ell$ [N]
- 電流 i [A]
- 磁界中の導体長 ℓ [m]
- N極, S極

(b)フレミングの右手の法則
- 磁束 B [T]
- 速度 V [m/sec]
- 磁界中導体長 ℓ [m]
- 起電力 $e = VB\ell$ [V]
- N極, S極

図 2.9　フレミングの法則

が大きくなり，モータを動かすための電圧（端子電圧）よりも大きくなるとモータのコイルに電流が流れ込まなくなる．これが最高回転数である．モータをさらに高回転にするためには端子電圧を上昇させるか，磁束を減らす"弱め磁界"を行う必要がある．

2-8　回転磁界

　家庭用の電気は線が2本の単相100Vであるが，工場などで使用される電

源は3相200 V，400 Vや6000 Vなどである．この3相交流を電気角で120度ずつずれて配置したコイルに電流を流すと，それぞれのコイルの磁界が合成されて，回転磁界が発生する．すなわち，N極とS極が出現し，1分間に（120×電源周波数/極数）の同期回転数（速度）で回転する．これは磁界，N極とS極のみが回転するものである．したがって，この回転磁界の中に，N極S極の磁石を入れるとこの速度で回転する．これはモータそのもので，誘導モータや同期電動機はこの回転磁界を利用している．詳細は「4-2節 誘導モータ」で解説している．

2-9 電磁鋼板

　モータに使用される鉄板は電磁鋼板といわれ，鉄にシリコンが3～5％含まれていて磁気特性も揃っており平坦度などの寸法精度もよい．厚さは0.1，0.35，0.5や1.0 mmなどがある．シリコン量の多い電磁鋼板は鉄損が少ない高級鋼板で値段も高く連続運転される変圧器などに使用される．シリコン量の少ない電磁鋼板は飽和磁束密度を高く設定できるため機器を小形化できるのでモータに多く使用される．磁気特性が揃った純鉄はさらに多くの磁束が流せる．

　モータなどに使用される鉄の磁束密度Bと起磁力Hの関係を表すグラフをB-Hカーブという．B-Hカーブはモータの設計では大変重要なグラフで，図2.10に電磁鋼板のB-Hカーブの一例を示した．このグラフから分かるように対数目盛の横軸の単位長当たりの磁化力（起磁力）の値が大きくなると，磁束密度の増加が緩やかになり，電流が増加しても磁束密度ほとんど増加しなくなる．すなわち，磁束が飽和した飽和磁束密度となり，比透磁率も大幅に減少する．このように，鉄の磁化力（起磁力）と磁束密度の関係は非線形であるので，モータの制御，特性計算や設計はややこしくなる．なお，図2.10に示したB-Hカーブは，モータの設計などのときに計算が容易なように簡

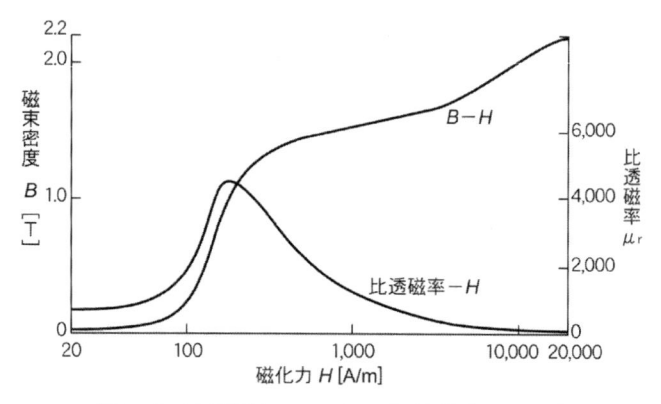

図 2.10　電磁鋼板の B-H カーブ（直流励磁の場合）

略化したものである．起磁力である交流電流が＋－と変化するので，実際の交流の B-H カーブは図 2.11 のようなる．すなわち，電流が増加するときと減少するときとでは同じ起磁力に対する磁束密度が異なっている．このような曲線をヒステリシスカーブ（ループ）という．また，このような現象をヒステリシスという．このようなカーブでは，モータなどの設計計算が非常に煩雑になるので，一般には鉄板の品種ごとに異なる図 2.10 のような B-H カーブを使用する．

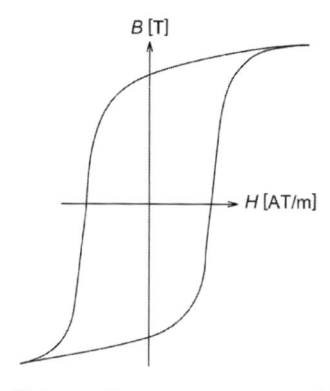

図 2.11　鉄のヒステリシスカーブ

2-10 鉄損

　交流磁束の場合，前述のように，電流の方向により磁束の方向も変化するので，鉄に鉄損（鉄心の磁化に伴い失われる電気エネルギー）が発生する．モータに磁束が通ると鉄心に次式のヒステリシス損と渦電流損からなる鉄損が発生する．

　　　鉄損　　ヒステリシス損$[W/kg] = k_h \times B^2 \cdot f$

　　　　　　渦電流損$[W] = k_e \times B^2 \cdot f^2 \cdot t_h^2$　　　　　　(2-15)

　ここで，k_h, k_e：それぞれの損失の材料定数，t_h：鉄板の厚さ[m]

　ヒステリシス損は鉄のヒステリシスカーブ（ループ）の面積に比例する．渦電流損は磁束の変化により発生する渦電流によるもので，直流の磁束では発生しない．高周波電源で運転される電気自動車用モータなどは渦電流損を少なくするためにコストアップになるが，薄い鉄板が使用される．

　非磁性体である銅板やアルミ板でも磁束が変化すると，磁束の変化を妨げるように渦電流が発生し渦電流損が生じ熱を発生する．したがって，金属がある場所では思わぬところで，漏れ磁束による渦電流が発生し，過熱する場合がある．

2-11 ブラシとスリップリング

　整流子とブラシは，機械的に回転するコイルに流れる電流の方向を一定にする働きがあり，とても便利な装置である．

　直流モータでは図4.7.3に示すように整流子とブラシを使う．ブラシと整流子を通して，回転子のコイルの位置により，左右のコイルに流れる電流の方向を一定にして，回転力すなわちトルクを発生する．

　ブラシレスDCモータではこの整流子とブラシの働きを，半導体回路（制御回路）と磁石の位置検出を磁力センサーであるホール素子で行うことによ

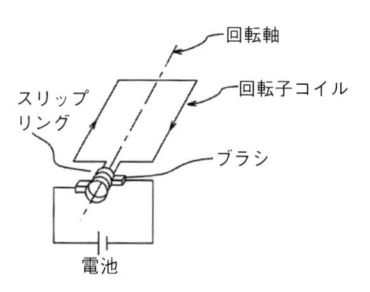

図 2.12　スリップリング

り，スパークや電磁ノイズなどの問題がある整流子とブラシという機械的な部分を取り除いている．

　スリップリングとは，図 2.12 のように回転するコイルにその位置にかかわらず決まった方向や決まった種類の電流を流すようにした装置で，同期モータの回転子の直流電磁石や巻線形誘導モータの回転子に使用される．すなわち，右側のコイルが回転して左側にきても奥から手前方向に電流が流れる．

2-12　機械角と電気角

　機械角は通常の円一周 360 度のことで，分度器で測る角度のことである．

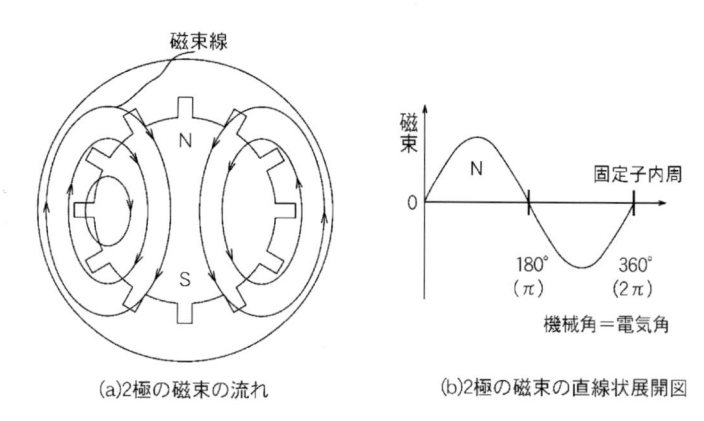

(a) 2極の磁束の流れ　　(b) 2極の磁束の直線状展開図

図 2.13　磁束と極の関係

電気角は図2.13に示すようにN極とS極からなり，1周期は360度である．2極ではN極-S極で電気角は360度，4極ではN極-S極-N極-S極で電気角は720度，6極では1080度になる．したがって，2極のモータでは機械角と電気角は360度で一致している．4極のモータでは機械角は円一周360度であるのに対して，電気角は円一周720度である．4極では電気角は機械角の2倍，6極では電気角は機械角の3倍となる．一周の電気角と機械角の関係は次式となる．

電気角[度] = 機械角[度] × (モータの極数/2)　　　　(2-16)

回転磁界は電圧や電流の1サイクル（周期）で空間の電気角1サイクル（周期），すなわち電気角で360度移動（回転）する．2極では円1周，4極では1/2周回転する．

2-13　磁束の浸透深さ（磁束と電流の表皮効果）

磁束は鉄の中を一様に通るのではなく，人の行動と同じでなるべく近道をして通過する．さらに，周波数が高くなると鉄の奥深くには入らなくなる．これを表皮効果といい，入る深さを浸透深さという．浸透深さは次式から計算される．

$$d = \sqrt{\frac{1}{\mu\sigma\omega}} = \sqrt{\frac{\rho}{\pi\mu_0\mu_r f}} \quad (2\text{-}17)$$

ここで，d：浸透深さ[m]，μ：透磁率（$\mu_0\mu_r$），σ：導電率[S/m]，ω：角周波数（$=2\pi f$[rad/sec]），f：周波数[Hz]，μ_0：真空透磁率（$=4\pi \times 10^{-7}$），μ_r：比透磁率，ρ：抵抗率[Ωm]（鉄：9.8，銅：1.69，アルミ：2.69 [10^{-8} Ωm]）

代表的な金属の浸透深さを図2.14に示す．このように周波数が高くなると磁束はあまり中に入らないので，鉄を厚くしても効果がない場合がある．なお，電流の表皮効果の浸透深さも同じ式を使用する．

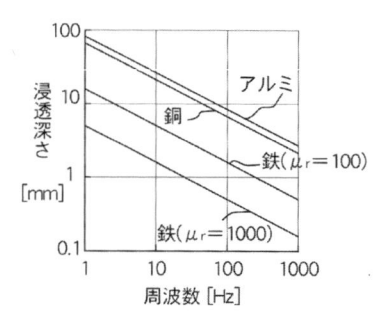

図2.14 磁束の浸透深さ

2-14　直流磁束と交流磁束

直流磁束　直流では磁束を発生させるのは直流電流のみであり，式(2-6)または表2.3の磁気回路の欄に示されるように，電流と磁気抵抗から，磁束や磁束密度は決まる．式(2-6)を変形すると磁束ϕは次式となる．

$$\phi = \frac{Ni}{Rel} = \mu \frac{Ni}{l} S \qquad (2\text{-}18)$$

ここで，i：電流（直流または交流）[A]

磁気抵抗は鉄などの材料の性質に依存し，直接磁束に関係するのは電流である．この直流電流は電気回路の電圧や抵抗により決まる．

交流磁束　交流では，直流と同様に，表2.3の磁気回路や式(2-18)のように，電流と磁気抵抗から磁束や磁束密度は決まる．しかし，交流では，「2-5　インダクタンス」の式(2-9)に示すように，コイルの電源電圧からも磁束が求まる．図2.5の巻数Nのコイルの電源電圧は正弦波の商用電源の場合，次式で表される．

$$v = \sqrt{2} V_e \sin(\omega t) \qquad (2\text{-}19)$$
$$\omega = 2\pi f$$

ここで，v：電源電圧[V]，V_e：電源電圧実効値[V]，ω：角周波数[rad/sec]，t：

時間[sec], f：電源周波数[Hz]

式(2-19)を式(2-9)に代入し，積分して磁束を求めると次式のようになる．

$$\phi = \frac{1}{N}\int \sqrt{2}V_e \sin \omega t dt = -\frac{\sqrt{2}V_e}{N\omega}\cos \omega t = -\Phi \cos \omega t \qquad (2\text{-}20)$$

したがって，電圧と磁束の最大値 Φ との関係式が以下のとおり求められる．

$$\Phi = \frac{\sqrt{2}V_e}{N\omega} = \frac{\sqrt{2}V_e}{N2\pi f} = \frac{V_e}{4.44 fN} \qquad (2\text{-}21)$$

$$V_e = 4.44 fN\Phi \qquad (2\text{-}22)$$

ここで，Φ：磁束の最大値[Wb], 4.44：定数（交流磁束計算の重要定数）

交流の場合，磁束は式(2-18)と式(2-22)の両方から求められ，これらの関係を図2.15に示した．式(2-22)は電源の電圧と周波数が関係し，磁束は電圧に比例し，電圧が決まれば磁束が一義的に決まる．しかし，式(2-21)は式(2-20)の積分過程を含むので，図2.15に示すように，電圧 V から磁束 ϕ の位相が90度遅れる．一方，式(2-18)では，磁気抵抗すなわち透磁率を含むため，電流と磁束の関係は非線形となるが，位相は図2.15のように同相となる．

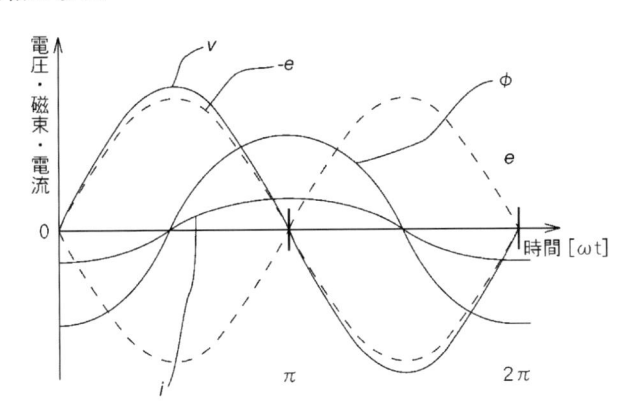

図2.15 電源電圧，誘起電圧，磁束および電流の関係
　　　　v：電源電圧，e：誘起電圧，ϕ：磁束，i：電流

交流では，磁束や磁束密度は電圧で決まり，それに必要な起磁力（励磁）電流が電源から流入する．電圧を上げて，磁束，磁束密度が増加すると鉄の B-H カーブ（図2.10）に示すように必要な電流（励磁電流）が急激に増加する．電源容量が小さいと，必要な電流を供給できず，電圧も上昇せず，磁束も増加しない．

2-15 モータの運動方程式

モータと負荷を含むシステムについて，回転数やトルク変動などのシミュレーションを行う場合の基本の方程式は次式となる．

$$T = J\frac{d^2\theta}{dt^2} + D_r\frac{d\theta}{dt} + T_L \tag{2-23}$$

ここで，T：モータトルク[N・m]，J：慣性モーメント[kg・m^2]，D_r：ブレーキトルク[N・m・sec rad]，T_L：負荷トルク[N・m]，θ：回転角度[rad]

これは機械系の運動方程式であり，電気系の回路方程式は次式となる．

$$v_1 = R_1 i_1 + \frac{d}{dt}(L_1 i_1) + \frac{d}{dt}(M i_2) \tag{2-24}$$

$$v_2 = R_2 i_2 + \frac{d}{dt}(L_2 i_2) + \frac{d}{dt}(M i_1) \tag{2-25}$$

ここで，v_1, v_2：モータの電圧[V]，i_1, i_2：モータの電流[A]，R_1, R_2：モータの回路抵抗[Ω]，L_1, L_2：モータの自己インダクタンス[H]，M：モータの固定子と回転子の相互インダクタンス[H]

これらの数式を使用したシミュレーションでは，電圧を0.1〜0.2 msecで分割して，各時刻の電圧を与えて，式(2-24)と式(2-25)から電流を計算する．次に，これらの電流をモータトルクの式(2-14)に代入して，モータトルクを算出する．このモータトルクを式(2-23)に代入して回転角を求める．こ

れらの値を初期値として，次の時間ステップ（時刻）の電圧を式(2-24) と式(2-25) に代入して，次の時間ステップ（時刻）の電流を求める．これらの電流から，次の時間ステップ（時刻）のモータトルクが計算される．この繰返しにより，任意の時刻のモータのトルク，回転位置や速度，電流が求められる．これらの計算では，非常に短い時間間隔ではすべての値が線形に変化すると仮定している．モータの自己インダクタンスや相互インダクタンスを電圧や電流によって変化させてもよいが，計算に時間がかかる．インバータ駆動の場合で，スイッチング周波数を考慮する場合は時間刻みをさらに細かくする必要がある．これらの微分方程式の実際の数値計算には，多数の数値解析法がある．

2-16 交流モータの d 軸-q 軸モデル

一般に，産業用のモータは3相電源で駆動される．平衡3相電源回路では零相成分がないため，3相の電圧や電流は二つの成分で表せ，電圧や電流を X-Y 平面にベクトルとしてプロットできる．すなわち，3相の一つの相は残りの2相で表すことができる．制御回路（インバータやドライバー）と組み合わせたシミュレーションではモータの3相回路を3相-2相の座標に変換して，モータの制御特性を計算する．回転磁界を発生する固定子巻線を回路上は同期速度で回転する座標系に変換するものである．d-q 軸の座標系では，図2.16のように同期回転数（電源周波数）や回転子回転数で回転する回転座標系上で電圧や電流を表している．したがって，固定子と回転子は相対的に静止している．

これらの値が2相の振幅に比例した直流となり，数式を演算する場合簡単になる．また，d 軸，q 軸の直交2相は独立となるので，さらに処理が容易になる．その他の座標変換には，α-β 座標系や γ-δ 座標系があり，前者は直交の2軸に換算したもので，交流の電源周波数成分となり，測定値と直接比

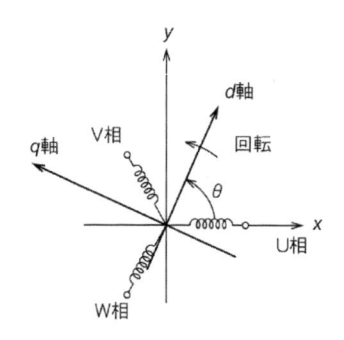

図 2.16 3相固定軸と d-q 軸（回転）
（U 相，V 相，W 相の各軸は固定）

較できる．また後者は制御回路内に設定された座標系で，回転子の回転数で回転する γ 軸とそれに直角な δ 軸からなり，直流回路となる．鉄心の磁気飽和やヒステリシス特性などの非線形性は無視されており，インダクタンスは一定値である場合が多い．

d-q 軸の座標系 3 相-2 相座標変換式　　ここでの変換は変換前後で 3 相の電力が同一の絶対変換である．3 相の u，v，w 各相の電圧と，d-q 軸，直交 2 相座標系の d，q の電圧の関係は図 2.16 から次式となる．

$$\begin{bmatrix} v_d \\ v_q \end{bmatrix} = \sqrt{\frac{2}{3}} \begin{bmatrix} \cos\theta & \cos(\theta-120°) & \cos(\theta-240°) \\ -\sin\theta & -\sin(\theta-120°) & -\sin(\theta-240°) \end{bmatrix} \begin{bmatrix} v_u \\ v_v \\ v_w \end{bmatrix}$$

$$\begin{bmatrix} v_u \\ v_v \\ v_w \end{bmatrix} = \sqrt{\frac{2}{3}} \begin{bmatrix} \cos\theta & -\sin\theta \\ \cos(\theta-120°) & -\sin(\theta-120°) \\ \cos(\theta-240°) & -\sin(\theta-240°) \end{bmatrix} \begin{bmatrix} v_d \\ v_q \end{bmatrix} \quad (2\text{-}26)$$

ここで，v_d，v_q：d 軸，q 軸の電圧[V]，θ：d 軸と v_u 軸のなす角，v_u，v_v，v_w：u 相，v 相，w 相の電圧[V]

電流についても同一の変換式となる．他方，相対変換では変換前後で電圧や電流の値は変わらないが，3 相の電力が変わる．

3相かご形誘導モータ　固定子を基準にして，回転座標に変換したかご形3相誘導モータの2相機の回路モデル図は図2.17のようになり，回路方程式やモータトルクは次式となる．

$$\begin{bmatrix} v_{1d} \\ v_{1q} \\ 0 \\ 0 \end{bmatrix} = \begin{bmatrix} R_1+pL_s & 0 & pM_{sr} & 0 \\ 0 & R_1+pL_s & 0 & pM_{sr} \\ pM_{sr} & \omega_m M_{sr} & R_1+pL_r & \omega_m L_{sr} \\ -\omega_m M_{sr} & pM_{sr} & -\omega_m L_r & R_2+pL_r \end{bmatrix} \begin{bmatrix} i_{1d} \\ i_{1q} \\ i_{2d} \\ i_{2q} \end{bmatrix}$$

$$T = M(i_{1q}i_{2d} - i_{1d}i_{2q})$$

$$L_s = l_1 + \frac{2}{3}L_1, \quad L_r = l_2 + \frac{2}{3}L_2, \quad M_{sr} = \frac{2}{3}M \tag{2-27}$$

ここで，R_1, R_2：固定子と回転子の巻線抵抗[Ω]，M：固定子と回転子の相互インダクタンス[H]，p：微分演算子（$=j\omega=\mathrm{d}/\mathrm{d}t$），$\omega_m$：回転子角速度[rad/sec]，$l_1$, l_2：固定子と回転子の1相当たりの漏れインダクタンス[H]，L_1, L_2：固定子と回転子の1相当たりの主インダクタンス[H]，T：モータのトルク[N・m]

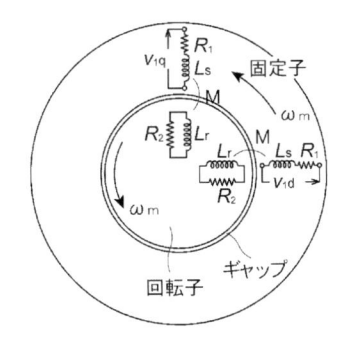

図 2.17　誘導モータの d-q 軸モデル

3相のブラシレス DC モータ　2相機の回路モデル図は図2.18のようになり，回路方程式，モータトルクは次式となる．

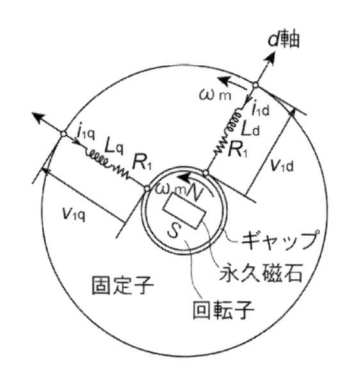

図 2.18 ブラシレス DC モータの d-q 軸モデル

$$\begin{bmatrix} v_{1d} \\ v_{1q} \end{bmatrix} = \begin{bmatrix} R_1+pL_d & -\omega_m L_q \\ \omega_m L_d & R_1+pL_q \end{bmatrix} \begin{bmatrix} i_{1d} \\ i_{1q} \end{bmatrix} + \begin{bmatrix} 0 \\ \omega_m \psi_a \end{bmatrix}$$

$$T = P/2\{\psi_a i_{1q} + (L_d - L_q) i_{1d} i_{1q}\}$$

$$\psi_a = \sqrt{3}\,\psi_e$$

$$L_d = l_a + \frac{2}{3}(L_a - L_{as}), \quad L_q = l_a + \frac{2}{3}(L_a + L_{as}) \tag{2-28}$$

ここで，R_1：電機子（固定子）巻線の抵抗[Ω]，ψ_e：永久磁石の電機子鎖交磁束[Wb]，ω_m：回転子速度[rad/sec]，l_a：一相当たりの漏れインダクタンス[H]，L_a：一相当たりの有効インダクタンス平均値[H]，L_{as}：一相当たりの有効インダクタンスの振幅[H]，T：モータのトルク[N・m]，ψ_a：d-q 座標系の永久磁石電機子鎖交磁束（測定可）

永久磁石の N 極の方向が d 軸となり，電気角で 90 度の方向，N 極と S 極の中間の方向が q 軸となる．固定子の d-q 軸も回転子の磁石も同期回転数で同じ方向に回転する．

Chapter 3 モータの運転

3-1 銘板, 定格

モータにはすべて, 図3.1に示すような銘板が取り付けてあり, ここにモータの仕様（スペック）あるいは使用条件（定格）が記載されている. ただし機器やプリント基板などへ組み込まれたモータには詳細な銘板がない場合が多い.

```
TOSHIBA 3 PHASE INDUCTION MOTOR
                        ③        ④
RATED OUTPUT    11       kW    4    POLES    TYPE         IKK
RATED VOLTAGE   200      200   220  V        FORM         FBKA21
RATED FREQUENCY 50       60    60   Hz       FRAME NO.    160M
RATED CURRENT   42.8     40.6  37.4 A        THERMAL CLASS B
RATED SPEED     1440     1730  1740 min⁻¹    RATING       S1
PROTECTION      IP44
                                             BEARING  L.S. 6310ZZ
STANDARD        JIS C 4210: 2001             NO.      O.S. 6208ZZ
SERIAL NO.
TOSHIBA INDUSTRIAL PRODUCTS MANUFACTURING CORPORATION
52083                                                 MADE IN JAPAN
```

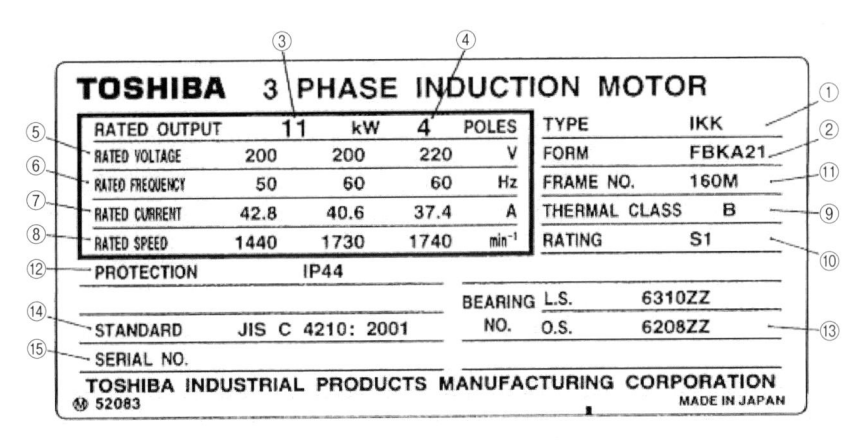

図 3.1 3相誘導モータの銘板
（出典：東芝産業機器製造(株)ホームページ (http://www.toshiba.sankiki.co.jp)）

銘板の条件（定格）で使用でき, その条件で使用した場合は保障などの対象となる. 銘板の使用条件は定格であり, 定格負荷や定格トルク以下で運転すれば問題はない. 定格以上の厳しい条件で運転すると, 機械的に破損したり絶縁が破壊されたりして故障する可能性が高まる. また, モータの温度が

表3.1 銘板記載事項の説明

No.	記載事項		解 説
1	TYPE	形	電気的特徴を表し，回転子の構造を表す
2	FORM	式	機械的特徴を表し，外被構造や駆動方式などを表す
3	kW	定格出力	[W] または [kW]
4	POLES	極　数	2極，4極，6極，8極，10極，……
5	RATED VOLTAGE	定格電圧	[V]
6	RATED FREQUENCY	定格周波数	[Hz]
7	RATED CURRENT	定格電流	[A]
8	RATED SPEED	定格回転速度	毎分の回転速 [min^{-1}]
9	THERMAL CLASS	耐熱クラス	絶縁材料とワニスにより決まる（表 3.2 の耐熱クラス参照）
10	RATING	定　格	運転する場合の時間定格（連続：SI，ほかに短時間定格など）
11	FRAME NO.	枠番号	規格により決まったモータのサイズ（軸のセンタハイトによる）
12	PROTECTION	保護形式	規格により決まった外被による保護形式（開放形，全閉外扇形など）
13	SHIELD BEARINGS または，BEARING NO. L.S. O.S.	軸受番号 負荷側 反負荷側	L.S.：LOAD SIDE（負荷側：駆動機械や歯車を取り付ける側） O.S.：OPPOSITE LOAD SIDE（反負荷側）
14	STANDARD	適用規格	標準：JIS C 4210，中容量や注文モータ：JIS C 4004 や JEC2137
15	SERIAL NO.	製造番号	モータ固有の試験または製造番号で，1 番号1台
16	PSE	電気用品安全法マーク	電気用品安全法により，対象機種にはすべてマークを表示することになっている．その記載内容，位置も規定されており，専用の銘板となっている（対象機種のみ）

出典：東芝産業機器製造（株）ホームページ（http://www.toshiba.sankiki.co.jp）

表3.2　耐熱クラス

絶縁クラス	許容最高温度 [℃]	おもな構成材料
Y	90	木綿，絹，紙などでワニスに浸さないもの
A	105	木綿，絹，紙などでワニスに浸したもの．ポリビニールホルマールなど
E	120	ポリエステル系のエナメルやフィルムを主体にするもの．ホルマールも一部使用
B	130	マイカ，ガラス繊維などを接着材と共に用いたもの．ポリエステル系のエナメルも含む
F	155	マイカ，ガラス繊維をシリコンアルキド樹脂などの耐熱接着材と共に用いたもの．エステルイミド電線等含
H	180	マイカ，ガラス繊維をシリコンまたは同等以上の接着材と共に用いたもの．ポリイミドエナメル，同フィルム，ポリアミドペーパなど

異常に上昇することもあり，寿命が短くなったり，場合によっては焼損する．したがって，銘板値以上，すなわち定格以上の条件での運転は危険である．銘板には，表3.1に示したように適用規格，絶縁種別，ベアリングのタイプ，モータの形式（タイプ：メーカ独自の分類），製造番号（Serial No.），製造年月日，生産国やメーカ名など重要な情報が記載されている．なお，回転数の変更はモータによっては電流が増加するので，メーカに問い合わせる必要がある．

3-2　構造と形状

　3相誘導モータの一般的な断面形状を図3.2に示す．これは，内部が密閉され，モータ軸端のファンで冷却される全閉外扇形である．電源に接続され，回転磁界を発生させるための巻線を収めた積層鉄板の固定子がある．その内側には，固定子と0.3～3 mmの狭い隙間，ギャップを隔てて，電磁トルクを発生する回転子がある．このトルクは回転子の軸（シャフト）に機械的に

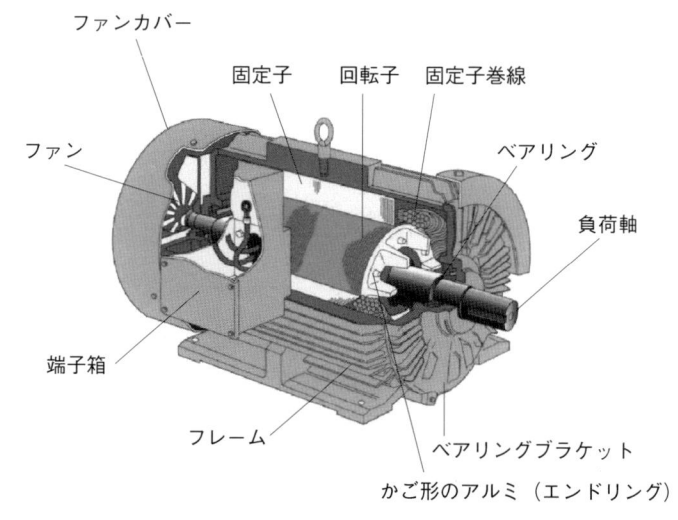

図3.2 ３相誘導モータのカットモデル

繋がれた負荷に伝達される．負荷側の軸端の反対側の軸端（反負荷側）には，モータ冷却のためのファンが取り付けてあり，モータ回転と同一回転数で回転する．回転子の両側はベアリングで支持されている．このモータは床などに据え付けるタイプであるが，機械の側面に取り付けるフランジ形や機械内部に取り付けるビルトイン形などもある．外観や形状は使用する場所によって異なる．

保護形式　室内で，塵埃のほとんどないような場所で使用する場合は周囲の空気が直接モータ内部に入る無保護（開放）形がよい．開放形は周囲の空気で，直接内部を冷却するので，他のタイプより小形である．しかし，手なども入るので危険な場合もある．また，水滴がかかるような場合は周囲の空気はモータ内部を循環するが，水滴は侵入しない防滴保護形にするとよい．モータは電気製品なので，水は禁物である．室内でも水滴，塵や埃が多い場合は，密閉形で冷却用のファンが付いている全閉外扇形がお勧めである．こ

のタイプは塵埃や雨が中に入らないので，外でも使用できる．ただし，浸水する場所では使用できない．浸水する場所や水中で使用するには，井戸のポンプ用などの水中モータがある．また，ガソリン蒸気や水素などの爆発性気体のある場所ではさらに気密性を高め，万一，モータ内部で引火しても外部に影響を及ぼさないように製作された安全増防爆形や耐圧防爆形がある．特殊なものとしては，ガソリンスタンドで，給油に使用されるガソリン漬モータや液化天然ガス用のモータなどもある．

これらのモータのタイプは規格で細かく指定されており，銘板に規格の分類によるタイプ記号が記載されている．

3-3 慣性モーメント，はずみ車効果

慣性モーメント，はずみ車効果はモータの始動や制動の特性に関係する重要な指標である．慣性モーメント，はずみ車効果が大きいと始動に時間がかかるが，運転では回転数の変動を小さくする効果がある．逆に，慣性モーメント，はずみ車効果が小さいと，迅速な始動ができるが，運転中の負荷変動による回転数の変動が大きくなる．プレス用モータにはフライホイールが取り付けてあり，負荷変動を緩和するようになっている．モータでは一般に，はずみ車効果 (GD^2) が使用され，慣性モーメントとの関係は次のようになる．

$$GD^2 = 4 \times J \tag{3-1}$$

ここで，GD^2：はずみ車効果 [kg・m^2]，J：慣性モーメント [kg・m^2]

円筒と中空円筒のはずみ車効果 GD^2 の計算式は，以下のように表される．

(1) 円筒 GD^2

$$GD^2 [\text{kg} \cdot \text{m}^2] = (円筒の重量 [\text{kg}]) \times 0.5 \times (円筒直径 [\text{m}])^2 \tag{3-2}$$

(2) 中空円筒 GD^2

$$GD^2 [\text{kg} \cdot \text{m}^2] = (円筒の重量 [\text{kg}]) \times 0.5 \times \{(円筒外直径 [\text{m}])^2 + (円筒内直径 [\text{m}])^2\} \tag{3-3}$$

3-4 始動,制動(ブレーキ)

モータの始動時間やブレーキをかけて止まるまでの時間は次式から求められる.

(1) 始動時間

$$t[秒] = \{モータ軸\, GD^2 \times (到達すべき回転数/分)\} / \{9.549 \times (加速トルク)\}$$

加速トルク＝0.5(始動トルク＋最大トルク)−(負荷トルク)

(図4.2.8参照)

最大トルクがない場合は,

$$加速トルク = 0.5 \times (始動トルク) - 負荷トルク \qquad (3-4)$$

$$(モータ軸\, GD^2) = (モータ回転子\, GD^2) + (モータ軸換算負荷\, GD^2)$$

$$(モータ軸換算負荷\, GD^2) = (負荷\, GD^2) \times \left(\frac{負荷の回転数}{モータの回転数}\right)^2$$

(2) 制動(ブレーキ)時間(図3.3参照)

$$t[秒] = デッドタイム(ブレーキのスイッチをonにしてから実際にブレーキがかかり始めるまでの時間[秒])$$

$$+ \frac{(モータ軸\, GD^2) \times (1分間の回転数)}{9.549 \times (ブレーキトルク＋負荷トルク)[N\cdot m]} \qquad (3-5)$$

ここで,GD^2:はずみ車効果[kg・m^2],加速トルク,始動トルク,最大トルク,負荷トルクおよびブレーキトルクの単位:[N・m]

2 Cold 1 Hot モータは始動を連続して行うと回転子が過熱し,モータの温度が異常に上昇し,慣性モーメント,はずみ車効果が大きい場合は焼損する.したがって,モータが周囲温度と同程度まで冷えている場合には,連続しての始動は2回まで可能である.2回目の始動は1回目の加速後,直ちに電源を切って,自然停止後始動する.一方,定格負荷などで運転した後,

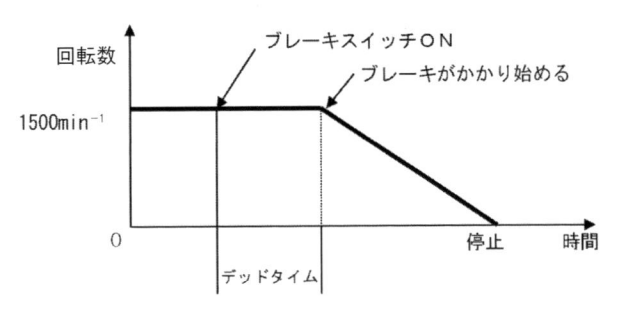

図3.3 ブレーキ時間（4極モータ）

電源を切って自然停止後に始動するときなどはモータが熱い．この場合は，始動は1回のみ可能な場合が多い．これらを総称して"2 Cold 1 Hot"という．

慣性モーメント，はずみ車効果がとくに大きい場合や始動を繰り返す場合はこれが当てはまらないので，別途温度上昇計算をする必要がある．

また，ブレーキをかける場合で，モータに通電して電気的な制動力を利用する場合は，始動と同じように回転子が過熱するので注意する必要がある．

3-5 パワーエレクトロニクス，モータドライブとインバータ

近年，モータは商用電源に直結して駆動されるだけでなく，インバータなどの制御機器と組み合わせて使用されることが多くなってきた．半導体素子とパワーエレクトロニクス技術の進歩によるところが大である．電気を変換，制御および入り切りする電力の変換過程をまとめると図3.4になる．

主要なプロセスは交流を直流に変換（順変換）する整流と，直流を交流に変換（逆変換）するインバータである．インバータでは直流を半導体素子でスイッチングすることにより，任意の周波数で任意の電圧を作ることができる．電圧をスイッチングする電圧形と電流をスイッチングする電流形があるが，前者が主流である．

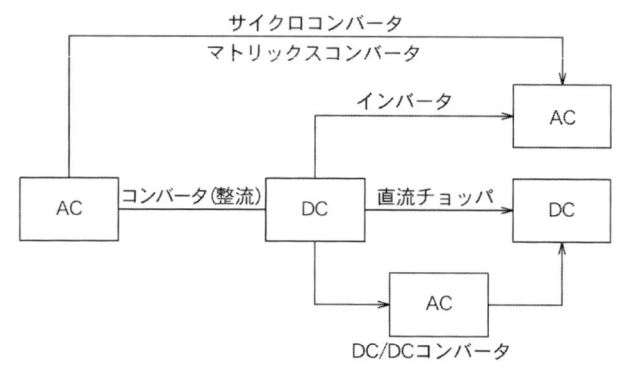

図 3.4　種々の電力の交換プロセス
AC：交流，DC：直流

インバータ　インバータ（制御付電源回路）でモータを駆動するシステムはハイブリッドカー，電気自動車，エアコン，DVDや高速エレベータなど非常に多く使用されている．インバータは出力の電圧や周波数を自由に変えることができ，その結果，モータの回転数や出力を自由に変えることができる．インバータの簡単な回路構成を図 3.5 に示す．インバータは商用電源をいったん整流して加工しやすい直流にする．半導体素子で，スイッチングして任意の周波数の電圧を図 3.6 のように作り出す．この図 3.6 の出力波形は商用電源の正弦波と異なるので，モータの損失が増加し，温度が多少上昇したり，振動や騒音が少し増加する場合がある．また，インバータのスイッチング周波数（変調周波数，キャリア周波数）の高周波成分によりモータの漏れ電流が多くなる場合がある．半導体素子では整流にはダイオード，スイッチングには IGBT，MOSFET，GTO，GTR や SiC デバイスなどのパワートランジスタやサイリスタが使用される．

　最近のインバータの中には，直流に直さずに，交流から直接任意の周波数と電圧の交流を作り出すマトリックスコンバータとよばれるものもある．また，従来からの 2～20 Hz の低周波駆動の大容量サイクロコンバータなども

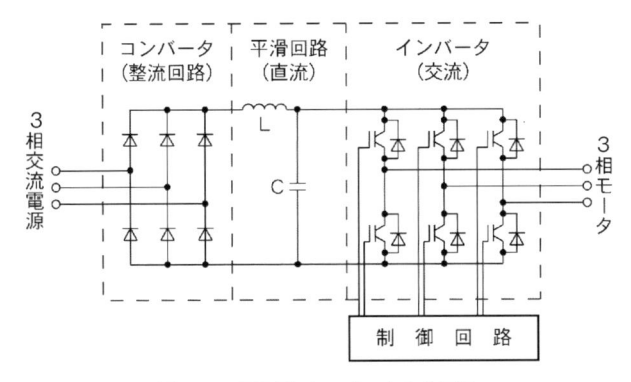

図 3.5　電圧形インバータの主回路

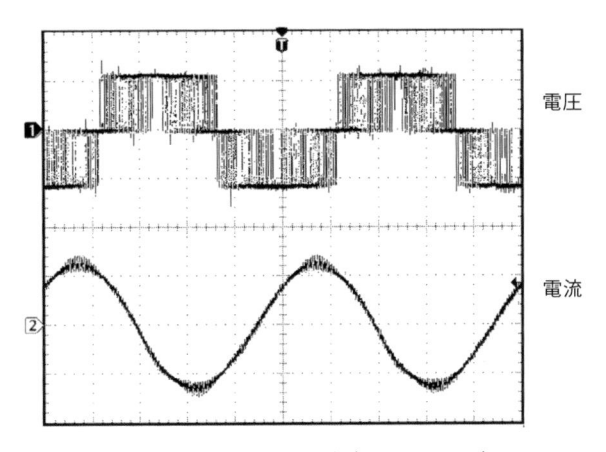

図 3.6　インバータ波形（200 V–50 Hz）

ある．

スイッチングの周波数　スイッチングの周波数は 2～20 kHz で，エアコンの室外機では 4～20 kHz 程度であるが，大容量のインバータでは半導体素子に発生するスイッチングロスのため 2～3 kHz である．スイッチング周波数が高いとインバータの主素子のロスやモータの漏れ電流が増加するが，電流波形は正弦波に近づく．その他，波形のひずみの原因となるスイッチング

のタイミング調整用のデッドタイムも必要となる.

モータドライブ技術 モータの回転数やトルクを制御する技術はモータの種類により異なる.誘導モータではトライアック[注1]による一次電圧制御および,インバータによるV／f一定制御[注2],ベクトル制御[注3]や直接トルク制御[注4]がある.ベクトル制御では,主磁束分(励磁)電流であるd軸電流とトルク(回転子)電流であるq軸電流を個別に制御して,トルクの瞬時値制御ができ,直流モータと同等以上の制御特性が得られる.

ブラシレスDCモータはドライバー(制御回路)がないと運転できない.一般に磁極位置検出のホールセンサなどの信号により,始動,運転を行う.120度通電の方形波駆動や180度通電のPWM正弦波駆動の電圧制御方式がある.前者は構成が簡単で安価であるが,振動,騒音,トルクリップルなどが発生する.ブラシレスDCモータでもベクトル制御は可能である.

注1) トライアック:サイリスタは電圧や電流のON,OFFの位相制御に使用されるが,一方向の電流しか制御できない.これに対しトライアックは交流の正負両方向の電流を任意の位相でON,OFFできるため,簡単なモータの速度制御装置や照明の調光装置などに使用される.

注2) V/f一定制御:「4-2-1 3相誘導モータ インバータ運転」参照.

注3) ベクトル制御:原理はドイツで発案されたもので,誘導モータの2次側電流をトルク成分と磁束成分に分けて制御する方法.磁束分電流を一定にして2次鎖交磁束を一定に保ち,トルク分電流により誘導モータの瞬時トルクを制御する.1次側では,$d-q$座標において,1次側のトルク分電流i_{1q}と磁束分電流i_{1d}とを独立して制御することにより,誘導モータのトルクを制御する.

注4) 直接トルク制御:誘導モータでは,固定子の鎖交磁束と固定子電流からトルクを求めることができる.固定子の鎖交磁束の瞬時値はモータ端子電圧から,1次抵抗電圧降下分を差し引いた電圧に比例する.瞬時の固定子電流値に応じてモータの端子電圧を変化させることにより,鎖交磁束を制御し,トルクを瞬時に直接制御する.ブラシレスDCモータ(永久磁石同期モータ)では$α,β$軸座標系で,電機子鎖交磁束の推定値と電流により制御を行う.磁極の位置情報が不要でエンコーダが必要ない.電機子の抵抗と電機子鎖交磁束の初期値が分かっていれば制御ができる.

3-6 温度上昇

モータは運転すると負荷時はもちろん，無負荷時でも銅損や鉄損が発生するが，この損失は熱となり温度が上昇する．温度はモータにとってトルクや効率などの次に重要なことである．モータの巻線はポリエステルなどの有機絶縁物でコーティングされている．これらの巻線の束は，さらに紙，布やポリエステルフィルムなどの絶縁物で包まれて，1次側の鉄心のスロットに納められている．絶縁物は熱により絶縁性能が低下し寿命が短くなる．ひどい場合は煙を出して焼損し，絶縁性能がなくなる．そうなると，銅線が線同士あるいは鉄心とショートして急激に大電流が流れ，モータが焼ける．このためモータの許容温度上昇は使用されている絶縁物により異なり規格により表3.2のように決まっている．モータの温度は温度計や熱電対により測定される．一般には，銅線の抵抗が絶対温度に比例することから，巻線の抵抗R_2を測定して，次式からモータの温度T_2を求める．この方法は抵抗法で，巻線全体の平均的な温度となる．温度と巻線の抵抗の計算式は次のようになる．

$$\frac{235+T_1[°C]}{R_1[\Omega]} = \frac{235+T_2[°C]}{R_2[\Omega]} \tag{3-6}$$

基準となる温度T_1と抵抗R_1はモータを長時間，電源を入れずに放置しておき，モータが周囲の気温と同一温度となったときに，ホイートストンブリッジやミリオーム計で抵抗を測定する．そのときの気温と抵抗を基準とする．その他，温度が高くなるとベアリングや整流子などが損傷する．モータの温度に対する保護にはサーマルプロテクタなどがある．

運転時の温度 運転時の温度は，運転停止直後の抵抗をすばやく測り，抵抗をR_2として，上記の計算式より求める．このとき，十分注意しなければいけないことは，モータの電源を完全に切り，モータの電源端子を電源から完全に切り離してから，抵抗を測定することである．電源を切っていなかっ

たり切り離していないと感電したりして死に至ることがある．また，インバータなどが接続されている場合は，制御回路のコンデンサの残留電荷により感電するので，モータとインバータの切り離しはコンデンサの残留電荷がなくなってからでないと大変危険である．運転停止後，時間が経過して抵抗を測定する場合は，停止から最初の測定までの時間を記録し，2回目以降は等間隔で測定し，温度低下のグラフから運転時の温度を推定する．なお，電源を入れた運転中でも抵抗を測定できる計測器も市販されている．

モータの温度上昇値は計算で求めた温度から運転時の周囲温度を差し引いた値となるから，運転時の周囲温度も忘れずに測定しておく必要がある．

ファン停止と非停止　モータの停止とともにモータ冷却用のファンが停止する場合はファン停止により，モータの温度が運転時より短時間であるが上昇する．

温度依存性　モータに使用されている銅線，磁石，絶縁材料，機械的な固有振動数，鉄板の特性などすべての構成要素や嵌合は温度によって特性が変わるので，モータ自体の種々の特性も温度により多少変化する．

3-7　保守，点検，故障

モータの普段の点検では電流，音，振動やフレームの温度に注意していればよい．いつもより，大きい電流が流れているとか，音や振動が大きい場合は不具合が発している可能性が大きいので，すぐに停止して専門家に検査・調査を依頼する必要がある．

モータの故障の割合は図3.7のような順となっている．モータ電源のブレーカがたびたび落ちる場合は絶縁抵抗計でモータの巻線とフレームの間の抵抗を測定するとよい．経験的に，10 MΩ 以上あれば問題はないが，1 MΩ 未満だとどこかに絶縁不良が発生している可能性が高い．乾燥やワニス処理で回復する場合もある．インバータ運転では漏電ブレーカが高周波漏れ電流によ

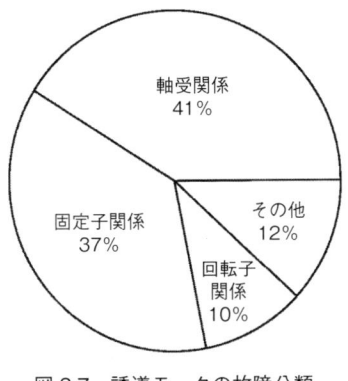

図 3.7　誘導モータの故障分類

り落ちる場合があり，絶縁ベアリングなどの対策が必要である．

　水がモータ内部に浸入したときには，清水で洗ってよく乾燥させればよい．絶縁抵抗を測定して絶縁が回復していれば使用可能である．ベアリングが不具合の場合はグリースの入替えやベアリング交換が必要となる．詳細はモータに添付されている取扱い説明書にある．

3-8　特性測定・試験

　モータの特性を確認するためにモータメーカは特性試験をする．小形モータの場合は，実際の定格の負荷を掛けて行う実負荷試験が一般的である．3相誘導モータの場合は，簡単な試験で求めた等価回路から，実測に近い特性を求めることができるので，日本の規格では等価回路による計算値をメーカが出荷するときに試験成績表として添付している．しかし，実測値が真値であると考えられる，ブラシレス DC モータをはじめとして，その他のモータではこのような便利な方法や規格がないので，特性は実負荷試験の測定値から算出する．実負荷時の温度上昇試験は重要である．

その他，巻線抵抗測定，絶縁抵抗，振動，騒音，型式試験，トルク-速度特性測定，始動電流-始動トルク測定，寸法チェックがある．特殊なものとして，無負荷誘起電圧，漏れ電流，放射電磁波などの測定および過速度試験がある．メーカ側でさらに実施することが望ましいものには，耐湿試験や寿命試験などがある．

インバータ駆動や可変速運転を行う場合は各周波数の試験が必要となるので大変である．その他，メーカと使用者の間で取り決めた試験項目も追加できる．

電気的試験　　電圧，電流や周波数などはデジタルパワーメータを使って高い運転周波数領域まで高精度で測定できる．直流を除く，50 Hz 以下では精度が低下する．その他，モータの絶縁抵抗，漏れ電流や EMI 関係の電磁波の測定も必要な場合がある．

機械的試験　　モータのトルクや回転数はデジタル式やアナログ式のトルクメータで精度よく簡単に測定できる．速度と出力トルクの関係のグラフも速度-トルク特性($S-T$ カーブ)として重要である．精密機器用のモータでは，トルクリップル[注1]，コギングトルク[注2]やポジショントルク[注3]の測定も必要となる．これらの測定には負荷装置や試験用架台が使用される．振動や騒音は実際の負荷をかけた状態で測定するのが望ましいが，モータ単体でも測定しておく必要がある．

注1) トルクリップル：モータを通電して回転させている場合に，トルクが脈動したり変動したりすることをいう．トルクむらともいう．
注2) コギングトルク：永久磁石を使用したブラシレス DC モータや永久磁石モータで，電気を入れていない時，モータのシャフトを手で回す．磁石と固定子歯との間の吸引力や反発力のため，スムーズに回転せずにトルクの変動を感じる．これをコギングトルクあるいは単にコギングという．
注3) ポジショントルク：誘導モータなどで通電している場合，回転子の位置により，トルクの大きさが異なることをいう．整流子とブラシをもつ直流モータでも同様な現象が発生する．

モータ特性評価指標　一般にもっとも重要なのは効率である．インバータやドライバーで運転されるモータでは，トルクや出力と速度範囲で機械の運転速度範囲が決まる．相手機械すなわち負荷により重要視される項目が異なるので，設計時点からこれらを考慮しておく必要がある．

3-9 絶縁

「3-6 温度上昇」で説明したように，モータには種々の絶縁物が使用されており，表3.2に示したように，絶縁クラスによりモータの温度上昇値が規格（JIS C 4003とJEC-2137）で決まっている．日本では周囲温度の最高値は40℃である．

モータメーカは出荷するすべての機種について実使用にあわせた温度試験を行って，規格を満足しているかチェックしている．ある程度の温度予測は設計時点でも行われるが，実際の測定値とは異なる．実際には，多少温度が規定値よりオーバーしても使用はできるが，モータの寿命が短くなる．一般に「10度半減説」があり，規定より温度が10℃高いとモータの寿命は約1/2になる．

3-10 計算式

(1) 出力とトルクの関係

$$T[\text{N·m}] = 9.549 \times P_{out}(モータ出力[\text{W}]) / (1分間の回転数) \tag{3-7}$$

$1\,\text{kg·m} = 9.8\,\text{N·m}$

$$P_{out}(モータ出力[\text{W}]) = T[\text{N·m}] \times (1分間の回転数)/9.549$$
$$= T[\text{N·m}] \times \omega \tag{3-8}$$

$\omega = 2\pi \times (1分間の回転数)/60$

(2) 出力

$$3相モータ : P_{out}[W] = \sqrt{3} \times 電圧 \times 電流 \times 力率 \times 効率$$
$$単相モータ : P_{out}[W] = 電圧 \times 電流 \times 力率 \times 効率 \qquad (3-9)$$
$$直流モータ : P_{out}[W] = 電圧 \times 電流 \times 効率$$

入力[W]は出力の式で，効率がない式である．入力 VA[VA]は出力の式から，効率と力率を除いた式である．

$$n_s(同期回転数／分\ [\min^{-1}]) = 120 \times f/P$$

ここで，n_s：同期回転数／分[$\min^{-1}$]，電圧：モータの端子電圧[V]，f：モータの端子の周波数[Hz]，P：モータの極数，ω：回転角速度[rad/sec]

3-11 特性計算

　設計時点でのモータの出力，効率や回転数など特性は，簡単で時間もかからない電気（等価）回路を用いた数式により計算される．しかし，高精度の解析が求められる場合は，有限要素法（FEM）による電磁界解析が有効である．後者はモータの開発時に用いられることが多い．ここで誘導モータなどでは回転数を設定する必要があり，ブラシレスDCモータではさらに負荷に応じて変化するトルク角を設定する必要がある．誘導モータでは回転子のバーやエンドリングを入れた2次元非線形過渡解析も用いられるが，バーに渦電流が誘起される設定が必要である．どのタイプのモータでも過渡解析では，発生電磁トルクが一定値に収束するまで繰り返し計算する必要がある．計算にはパソコンや計算機の能力により1時間程度から時には1週間程度掛かる．FEMによる解析は電流設定計算の精度はよいが，電流に対する電圧が明確でない．一方，誘導モータなどでは，電圧に対する電流値が必要となるため電圧設定計算で行われるが，電流値は実測と異なる場合が多い．最近では種々の制御用シミュレーションプログラムや設計プログラムとの連係解

析も可能になっている．

3-12　モータの選定

　モータは毎分 1～100 回転のような低回転で大きなトルクを発生させるのが苦手である．低速，大トルクを出そうとすると電流が多くなる場合が多い．このようなときは毎分 1,500～2,000 回転のモータからギヤーダウンして使用する．インバータを使用する場合でも，低速で大トルクを出そうとすると電流が多くなり，インバータの主素子を大きくして，電流定格を上げる必要がある．

　モータは同じ出力でも回転数が高くなればなるほど，小さく，軽くなる．ギヤーを用いて，モータを小形化したほうが電流も少なくなる．また，同じ出力では電圧は高いほうが電流は少なくなる．電気自動車やハイブリッド車では電池電圧 12 V の 40 倍以上の 500 V 程度を採用している．高圧の 3,000 V や 6,000 V のモータは電流が小さくなるが，絶縁の占める割合が多くなり高価になる．さらに，電源設備にも高圧機器が必要となる．このように，モータは選択肢が広いのが特徴である．

3-13　センサレス制御の概要

　誘導モータやブラシレス DC モータの速度やトルクを制御する場合，モータの回転数や回転子の位置を検出するために，エンコーダ，レゾルバーやホール素子などが取り付けられる．これらの機器は高温，振動や塵埃などの影響を受けやすい．また，これらの機器の取り付けにより，モータのサイズが多少大きくなり，コストアップにもなる．場合によっては，センサ信号に電磁ノイズが混入して，誤動作を引き起こす場合もある．したがって，最近ではこれらの回転子位置検出器なしでモータを制御するセンサレス制御が行われている．

センサレス制御ではモータの電流や電圧から，回転数，トルクや回転子位置を推定する．

センサレス制御での回転子の位置情報としては，回転子のスロット周波数，インダクタンスの回転子位置依存性や磁石の磁束による誘起電圧波形などが利用される．しかし，モータの特性で重要視されるのは低速時と始動時である．これらの情報はモータが止まっているときや低回転では検出が困難なので，別の方法も考案されている．さらに，磁束オブザーバ，カルマンフィルタやILQ電流最適制御などの現代制御理論による場合もある．

2-16節で説明したd-q座標系とγ-δ座標系によるセンサレス制御のモータシステムの例を図3.8に示す．実機のモータではd-q座標系であるのに対し，制御系ではγ-δ座標系が設定されている．ここで，$\Delta\theta$は実機と制御系の軸誤差であり，この軸誤差$\Delta\theta$を迅速かつ安定的にゼロにするために種々の推定アルゴリズムが用いられる．また，これらのアルゴリズムではモータの1次，2次抵抗や励磁インダクタンスなどの定数が必要であり，運転前

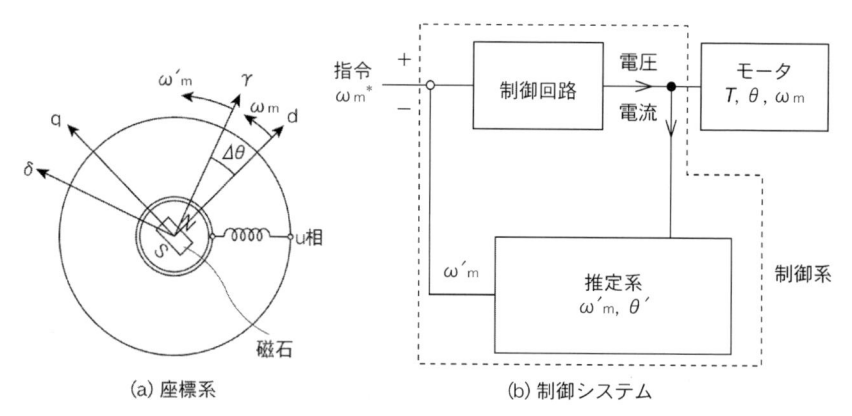

図3.8　センサレス制御システムモデル
(d-q軸系とγ-δ軸系)

ω_m, ω'_m, ω_m^*：角速度（実際の値，推定値，指令値），T：モータトルク，
θ, θ'：回転子位置（実際の値，推定値），$\Delta\theta$：角度誤差

に自動的に測定するパラメータ推定（同定）なども行われる．これらの値は温度や磁気飽和により変化するので，常に最新の値でないと誤差となり，速度やトルクが設定値とずれることになる．ブラシレス DC モータでは誘起電圧波形の高調波が誤差を発生し，トルクリップルなどの原因となる．さらに，ゼロ回転を含む低速時には誘起電圧は微小で，推定計算には使用できないので，別に高調波電圧などを印加して，永久磁石の位置を推定する．

3-14 規 格

　モータの製品としての品質，安全性や特性を確認するものとして，下記に示すような規格がある．規格に適合した製品には，規格のマークなどが銘板などに表示されている．また，規格に合格した製品でないと事故などの場合に保険が適用されない場合や輸出できない場合がある．モータ関係の主な規格は以下のとおりである．

(1) 日本工業規格（JIS）：工業標準化法により政府が制定する国家規格．
(2) 日本電機工業会標準規格（JEM）：電気機器製造会社の団体による標準規格（電気機器および関連材料）．
(3) 電気規格調査会標準規格（JEC）：電気学会の電気規格調査会が制定する強電関係の団体規格．
(4) 電気協会標準規格，技術資料（JEA）：日本電気協会の規格や技術資料．日本電気協会規定（JEAC）や指針（JEAG）がある．
(5) 日本海事協会鋼船規則（NK）：外洋を航行する登録鋼船の検査，構造に関しての規定．これに合格した電気機器を搭載していないと，船舶事故で保険が適用されない．
(6) 国際電気標準会（IEC）：ヨーロッパ主体の International Electrotechnical Commission が制定する国際規格で，日本の規格もこれに準拠するようになってきている．

(7) 電気用品安全法：粗悪な電気用品による感電，火災，電波障害などの危険および障害の発生の防止．甲種と乙種がある（PSE マーク）．
(8) UL 規格：米国保険協会後援の Underwriter's Laboratories の規格．防爆モータ，制御器具や電線などがあり，厳しい認定試験がある．火災時，この認定を受けていないと保険が適用されない．
(9) NEMA（米国電機製造者協会規格）：National Electrical Manufactures Association が制定するメーカ規格．
(10) EN 規格：EU 域内で統一された安全規格．欧州整合化規格(Harmonized Standard)．
(11) CSA：カナダ標準規格で，電気機器や電気部品等の感電や火災等に対する安全性を重視．

Chapter 4 モータの実際

4-1 電気自動車のモータ

4-1-1 ブラシレス DC モータ, 永久磁石モータ

電気自動車やハイブリッド自動車では図4.1.1のようなブラシレスDCモータ (永久磁石モータ) を使用している. ブラシレスDCモータは誘導モータなどに比較し, 効率が7~8% よい. このためエアコンの室外機, ポンプやパソコンの冷却ファンなどにも幅広く使用されている. このモータは原理としては直流モータであり, 直流で励磁している固定子の主磁極を磁石に置き換えてそれを回転子側にした回転磁石 (界磁) 形の直流モータである. 特性はブラシ付永久磁石直流モータと同じであり, 回転数はモータの電源電圧に

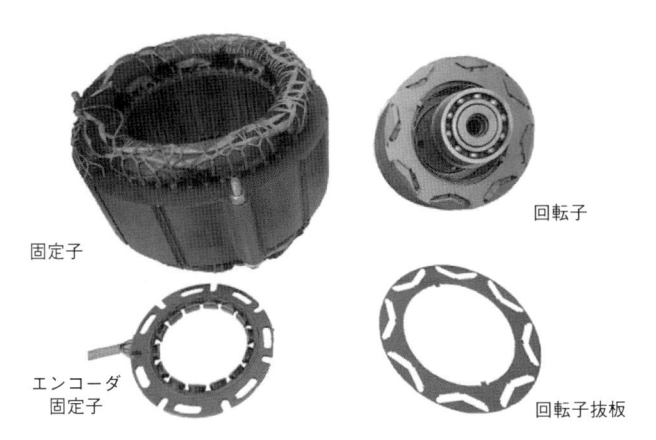

図 4.1.1 自動車用ブラシレス DC モータ
エンコーダの回転子は回転子ベアリングの背後に楕円形の円板がある.

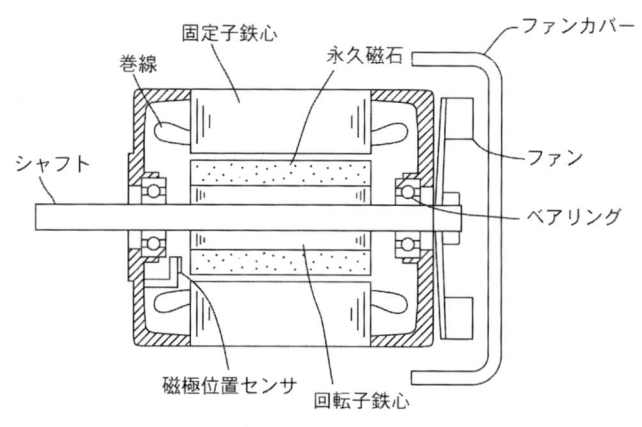

図 4.1.2　ブラシレス DC モータの断面図

比例し，トルクは電流に比例する．したがって，直流モータと同様に安定した制御ができ，サーボモータとしても使い勝手がよい．このモータは図 4.1.2 に示すように，直流モータのブラシと整流子の代わりに，回転子の磁石位置検出用のホール素子や運転のための制御回路が必要となり，高価な希土類磁石などと合わせて高価になる．このコストを下げるため固定子巻線の集中巻や回転子の磁石配置が工夫されている．例えば巻線では密度を上げるため，3相ではスロット数が3の倍数しか取れない集中巻を採用している．しかし，この集中巻は電流によるギャップの磁束波形は正弦波に程遠く，分布巻の巻線に比較して多くの高調波を含み，効率，振動や騒音に対する性能が劣るという欠点がある．このため電気自動車用モータでは効率などの点から，巻線は分布巻や波巻を採用している．ただし，固定子の電流による磁束は磁石の磁束の 10～20% 程度である．

　　動作原理　　図 4.1.3 に2極3スロットの回転動作を，磁極検出のホール素子，固定子コイルと関連付けて，6ステップに分解して示した．ステップ①では磁極検出のホール素子 D3 が磁石 S を検出し，コイル図や図 4.1.4 の電流パターン図に示すように u 相から w 相に電流を流す．フレミングの左

4-1 電気自動車のモータ

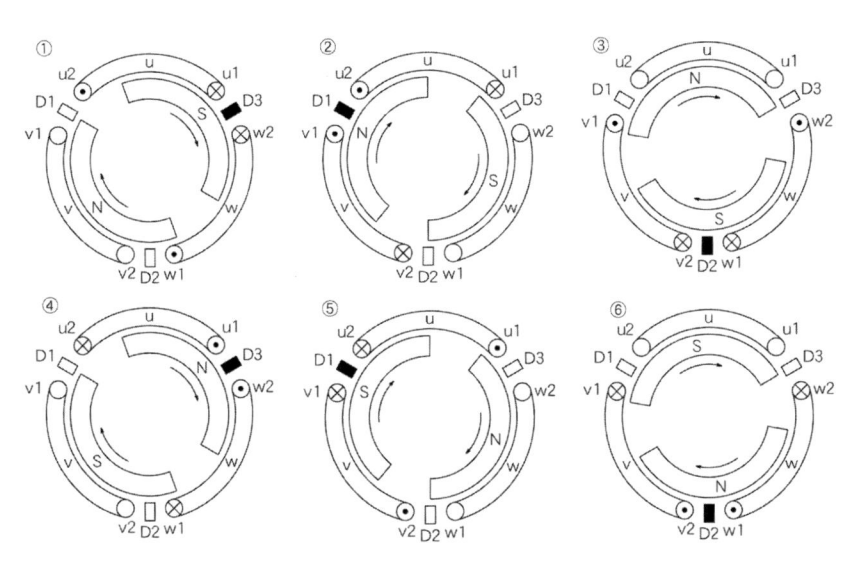

(a) 固定子コイルの電流と回転子磁石の回転パターン
D1～D3は塗りつぶしてあるのが磁石の磁束を検出している。
u1、v1、w1で電流⊗が正方向.

(b) 固定子コイルの電流パターン

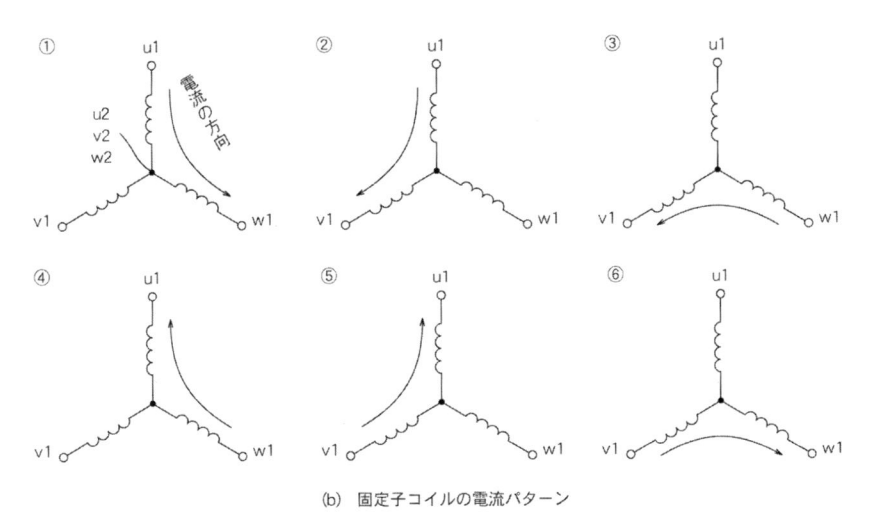

図 4.1.3　モータ回転のプロセス

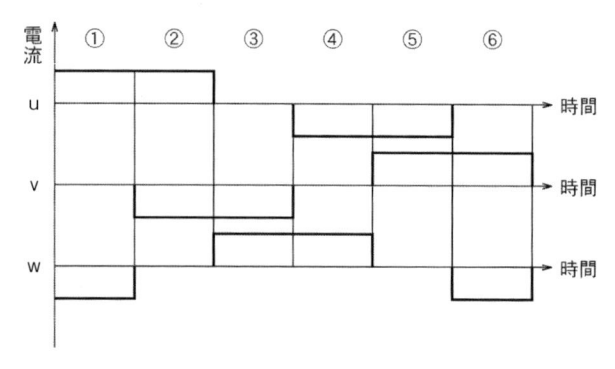

図 4.1.4　電流パターン図

手の法則を u1 コイルに適用すると，u1 コイルに反時計方向の電磁力が発生するが，コイルが動かないので，反作用により回転子が時計方向に回転する．コイル w2 についても同様である．以下，ステップ②～⑥も図のようにコイルに電流が流れ，フレミングの左手の法則により電磁力が発生し，回転子が時計方向に回転する．電流パターンを示した図 4.1.4 から，各相の電流は電源 1 周期のうちに電気角 120 度分しか通電されないことがわかる．

　図 4.1.3 で，コイルから回転子の方向に向かう磁束を N 極，逆方向を S 極として，回転子磁石とコイルの磁極との吸引力，反発力を用いても，時計方向に回転する．

　特　性　各ステップでは直流電流が流れ，トルクはフレミングの左手の法則により発生するので，図 4.1.5 に示すようにブラシ付永久磁石直流モータとほぼ同様な特性を有する．

　磁石配置，d-q 軸　回転子の磁石の配置は図 4.1.6 に示すように種々あり，特許にもなっている．磁石の磁束が隣の極ではなく，できるだけ固定子に行くように磁石配置を工夫したりスリットを設けている．ある極の磁石の磁束がギャップを経て固定子に向かう磁束の中心軸を d 軸といい，これと電気角で 90 度離れた軸，すなわち隣接極との中間の軸を q 軸という．d 軸

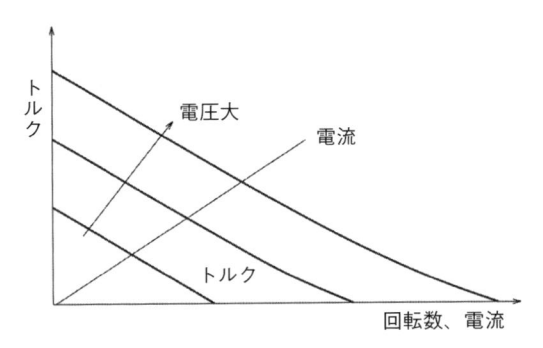

図 4.1.5　ブラシレス DC モータの特性

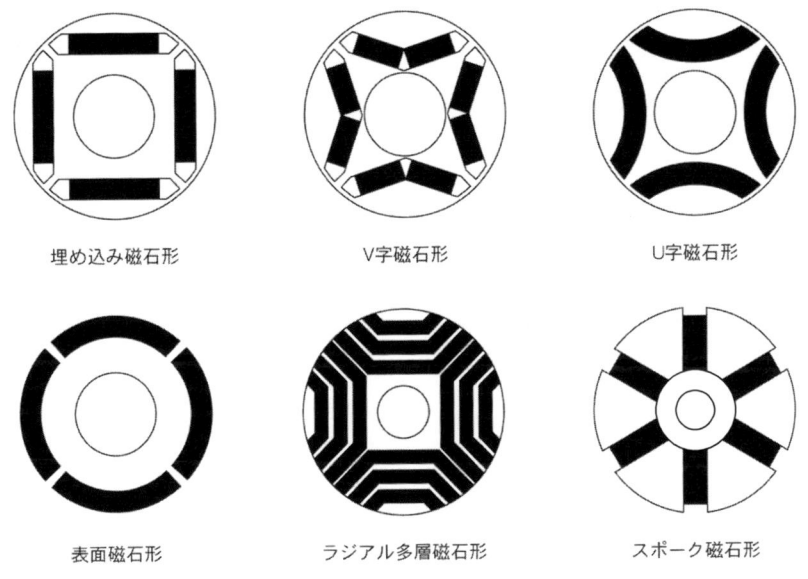

図 4.1.6　回転子磁石の配置例

方向では，磁石の磁束によりトルクが発生する．q 軸方向は磁石やスリットはなく，回転子の鉄板があり，固定子による磁束が通りやすい（磁気抵抗が小さい）．したがって，固定子磁束と回転子鉄板による q 軸方向のリラクタンストルクが発生する．このトルクを利用することによって，モータのトル

クの発生回転数範囲を拡大することができるので，多くの自動車用モータで利用されている．しかし，このトルクによるトルクリップルも発生するので，回転むらを避けたい場合はこのトルクが小さくなるようにしている．なお，磁石が固定子の外側にあるアウターロータ（外転）型もある．

逆起電力　磁石が回転すると後述する「4-7　直流モータ」で説明しているように，回転数に比例した誘導起電力（逆起電力）が発生し，高速回転では電源電圧と同等程度になり，電源からの電流がモータに流入しなくなる．誘電起電力と電源電圧がほぼ同じとなる回転数がモータの最高回転数となる．さらに，回転数を増加させたい場合は，意図的に磁石の磁束を弱める，弱め界磁が用いられる．

極数とスロット数　集中巻ではスロット数が3の倍数となるが，よく使用されるスロット数は6である．6スロットは回転子の磁石の極数として4極，6極や8極に対応することができる．極数と固定子のスロット数の関係は3相の場合，表4.1.1の組合せがある．

表4.1.1　極数とスロット数の組合せ（3相）

極　数	スロット数（歯数）
2	3, 6, 9, 12, 15, 18, 21
4	3, 6, 9, 12, 15, 18, 21
6	9, 18, 27, 36
8	6, 9, 12, 18, 21, 24
10	12, 15, 24, 27, 30

設計，特性，試験　設計の方法は世界的に有名なプログラムが英国グラスゴー大学で開発販売されており，これを使用すると簡単に設計ができる．精度が必要な場合は，さらに有限要素法による電磁界解析を行えば，ほぼ実機と同等な特性値が得られる．

モータの実機の特性を簡単な試験を用いて数式により計算する一般的な方

法はまだ確立されていないので，実際に負荷をかけて試験をする必要がある．また，電気自動車用の主モータは現時点ではまだ規格化されていない．

特　徴　　特徴としては，効率がよい，制御回路が必要，安定した制御ができる，磁石や制御回路が高価，などがある．

4-1-2　コアレスモータ

強力な磁石を使用し，効率を問題にしないような超小形モータでは，鉄心がなく磁石とコイルのみでトルク脈動も非常に小さいコアレスモータもある．コアレスモータは電気自動車の主モータではないが，小さなファンやDVDなどに使用される場合が多い．

4-2　新幹線・電車のモータ

4-2-1　3相誘導モータ

新幹線や最近の電車は，ほとんど図4.2.1のように，車体の下にある3相誘導モータで駆動されている．図4.2.2は新幹線の駆動用モータである．誘導モータはこのほかエレベータ，エスカレータ，洗濯機，冷蔵庫や扇風機などをはじめとして，工場やプラントなどで多く使用されている．発明されて100年以上になり，形状や特性も規格化された機種である．このモータは家庭用電源（単相）や工場用電源（3相）に接続すれば，すぐに回転し始める（直入れ始動）．瞬間的に大きな突入電流（始動電流）が流れるが，インバータなどの制御装置がなくても運転可能である．

電圧範囲は広く，低圧の10〜600 Vや高圧で大形の1,000〜10,000 Vなどがあり，故障も少なく信頼性も高い．

構　造　　図3.2に全閉外扇形の構造を示す．回転磁界を発生する固定子はスロットのある円板状の鉄板が積層され，スロットには絶縁シートに包まれた巻線が収められている．3相のu相，v相，w相の巻線の束が規則正し

(a) 電車の車両

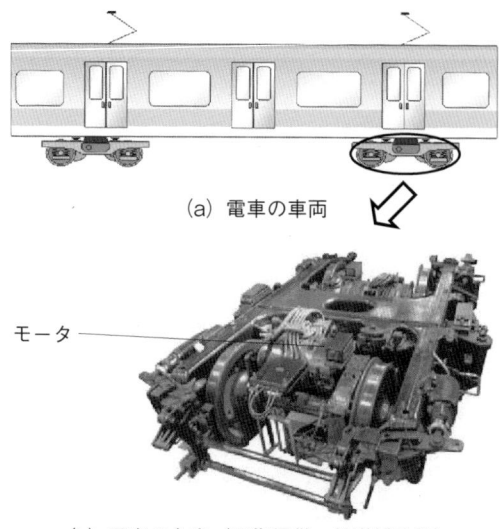

モータ

(b) 電車の台車（画像提供：鉄道博物館）

図 4.2.1　電車のモータ

図 4.2.2　新幹線電車用主電動機（300 kW）
（写真提供：㈱東芝）

く配列されている．0.3〜2 mm の狭いギャップを隔てて，シャフトの両側をベアリングに支持されたトルクを発生する回転子がある．回転子はスロットのある円形の鉄板を積層した鉄心に溶融したアルミを圧入するダイキャスト方式により作る．回転子の鉄板を除いたアルミのみの構造は図 4.2.3 のよう

図 4.2.3　かご形回転子のアルミ導体のみ

になっており，リス籠に例えられ，かご（籠）形（Squirrel Cage）回転子といわれる．バーの両側のリングはエンドリングで固定子の回転磁界によりバーに発生した電流が別のバーに回るための回路である．アルミのバーやエンドリングの形状やアルミの導電率を変えることにより，モータの特性を変えることができる．特殊機種や大形では，アルミの代わりに銅バーが用いられる．

回転磁界　3相2極のモータの簡単な固定子のコイル配置の図 4.2.4 では，3個の3相の巻線が空間的に 120 度ずつずらして配置されている．これらの巻線に図 4.2.5（a）のような，時間的に位相が 120 度ずつずれた3相の

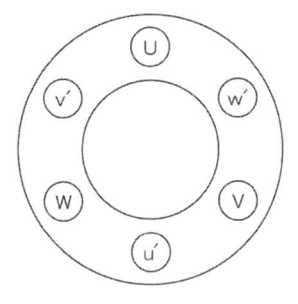

図 4.2.4　3相2極モータのコイル配置
（u-u′, v-v′, w-w′は同一コイルで電流方向が正反対）

(a) 対称3相交流電流波形

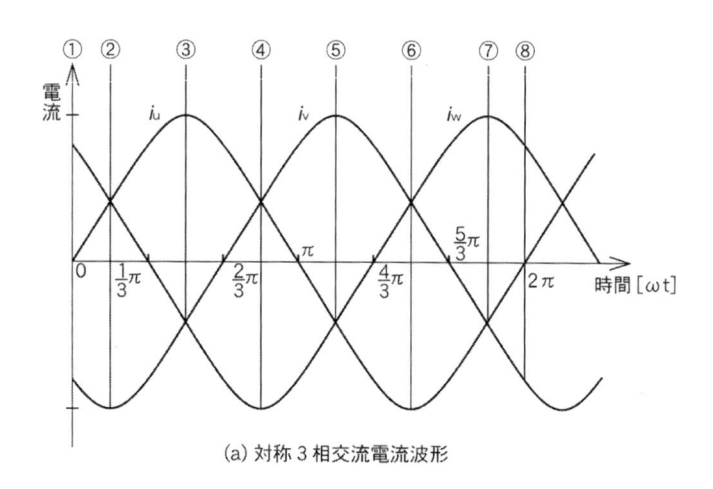

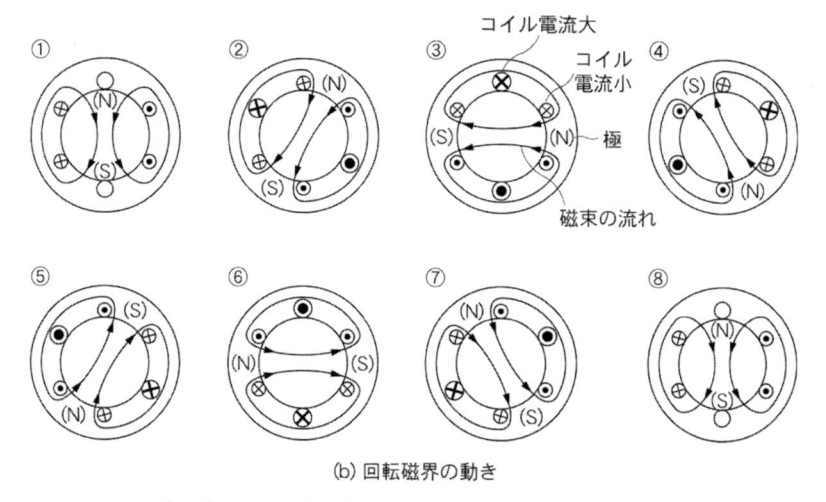

(b) 回転磁界の動き

①~⑧は図(a)の①~⑧に対応. ⑧は①と同一で元に戻る.

図 4.2.5　回転磁界の回転状態

電流を流す．この2極のモータで3相電源の時間に対する磁界，磁極の回転を図 4.2.5 (b) に示した．電源の1周期に対して，磁界すなわち磁極N極とS極の対が，1回転，360度回転する．2極のモータでは常にN極とS極

が空間的に存在し，電気角で一周360度となる．2極では物理的な機械角は一周360度であり，電気角360度と一致している．回転磁界の1分間の回転数，同期速度あるいは同期回転数 n_s は，次式から計算できる．

$$n_s = 120 \times f/P(極数) \tag{4-1}$$

ここで，n_s：回転磁界の1分間の回転数，同期速度あるいは同期回転数 [$\min^{-1}$]，f：周波数[Hz]，P：極数

また，回転磁界を数式で表すと次式になる．

$$b = B \sin\left(\omega t - \frac{\pi}{\tau} x\right) \tag{4-2}$$

ここで，b：磁束密度[Wb/m^2] または [T]，B：磁束密度の最大値 [Wb/m^2] または [T]，ω：角周波数[rad/sec]，t：時間[sec]，τ：極ピッチ[m]，x：位置[m]

この式には時間 t と位置すなわち空間 x の2個の変数があり，時間を変化させると前に示した図4.2.6のようになる．この図から時間が経過するに従って，磁束密度の最大値一定の正弦波波形が右に進んでいくことがわかる．これが回転磁界であり，直線では進行磁界，すなわちリニアモータとなる．

図4.2.6は式(4-2)で，位置の値を $x=0$ として，時間 t を変化させた時

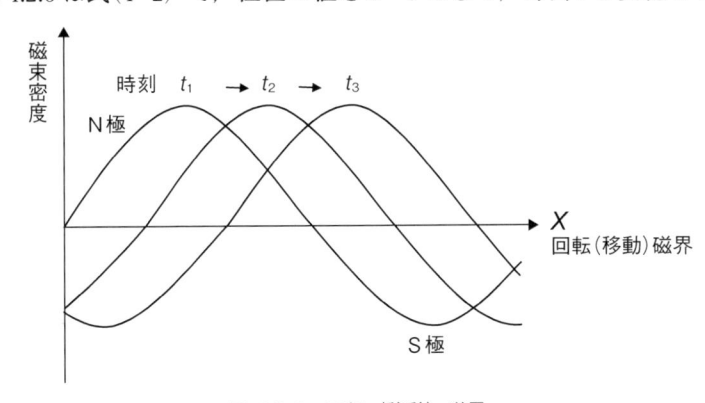

図4.2.6　回転（移動）磁界

の時間に対する磁界の変化で,時間分布である.これは,固定子上にいて,ギャップの回転磁界をみている場合である.一方,時間を止めて,例えば,$t=0$として,位置 x を変えた時の回転磁界の変化は図 2.13 のようになる.図 2.13 (b) は,モータのギャップを一周した時の磁界の波形で,空間分布である.これは,図 4.2.5 の①〜⑧のそれぞれの場合でもある.このように,回転磁界は時間 t と空間 x の 2 個の変数を有している.

回転の原理 誘導モータの回転の原理によく取り上げられるアラゴの円板を図 4.2.7 を参照しながら詳しく解説する.銅やアルミの円盤を磁石の間において,磁石を回転させると同図 (b) のように,磁石の回転の前面には電磁誘導のレンツの法則に従い矢印の方向に渦電流が発生し,N 極ができる.一方,磁石の回転方向の後側には,やはり電磁誘導で矢印の方向に渦電流が発生し,S 極ができる.磁極(磁石)の回転方向の前面と後面の渦電流に対して,フレミングの左手の法則を適用すると,時計方向の電磁力が発生し,この金属の円盤は回転する磁石と同じ方向に回転する.

回転する磁極(磁石)は回転磁界に置き換えられる.回転させられる金属の円板は,実際のモータでは図 4.2.3 に示すようなかご形回転子となり,連

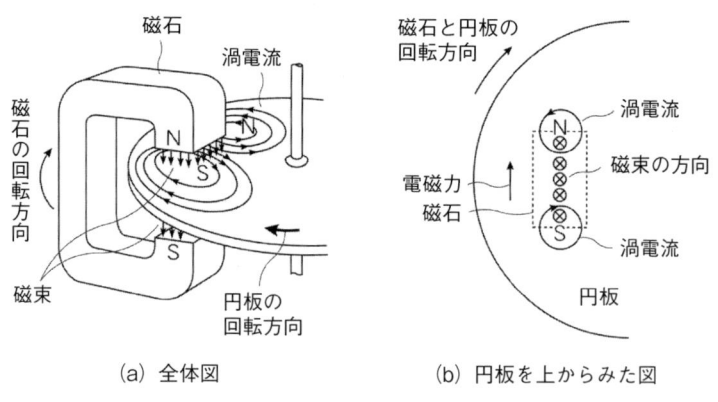

(a) 全体図　　　　　　　　(b) 円板を上からみた図

図 4.2.7　誘導モータの回転の原理(アラゴの円板)

続的に滑らかなトルクを発生する．

トルク，回転数（すべり） 回転磁界が回転子のアルミ導体の回路で変化するため，アルミ導体回路には誘導電流が発生する．この誘導電流と回転磁界の磁束はフレミングの左手の法則によりアルミ導体回路に回転力（トルク）を発生させ，回転子が負荷に応じた回転数で回る．回転子が静止しているときでも電源を入れると回転磁界により始動（起動）トルクが発生し，回転子は始動，加速する．負荷がないと回転子はほぼ回転磁界の速度（同期速度）まで上昇し，同期速度近傍で回転する．回転子回転数と回転磁界の回転数のずれをすべり（Slip）といい，負荷が重くなるとこのすべりが大きくなり，回転子導体に流れる電流（2次電流）も大となる．負荷が軽くなるとすべりが小さくなり，回転子導体に流れる電流（2次電流）も小となる．このように，負荷により回転数（すべり）が自動的に2〜15％変化する．2次電流の大小に，1次電流もほぼ比例して変化するが，負荷ゼロでも回転磁界を作るための電流である励磁（無負荷）電流が流れる．すべりと回転子回転数との関係は次式で表される．

$$s = (n_s - n_{min})/n_s \qquad (4-3)$$

ここで，s：すべり（100倍して，％で表す場合もあり），n_{min}：負荷により変わる回転子の1分間の回転数[min^{-1}]

トルクと回転数（すべり）の関係を速度-トルク特性（S-Tカーブ）といい，図4.2.8に電流カーブや負荷トルクと合わせて示す．電流カーブに示されるように，始動時の電流が瞬間的であるが，定格運転時の7〜8倍となるのがこのモータの欠点である．

特　性 図4.2.9に特性カーブ（トルク，効率や電流と出力の関係）を示す．効率は75〜95％程度で大形ほど高くなるが，中・小形ブラシレスDCモータより約7〜8％低い．モータの特性（出力，電流，効率，回転数，力率など）は簡単な試験から，規格でも定められている等価回路法や以前の

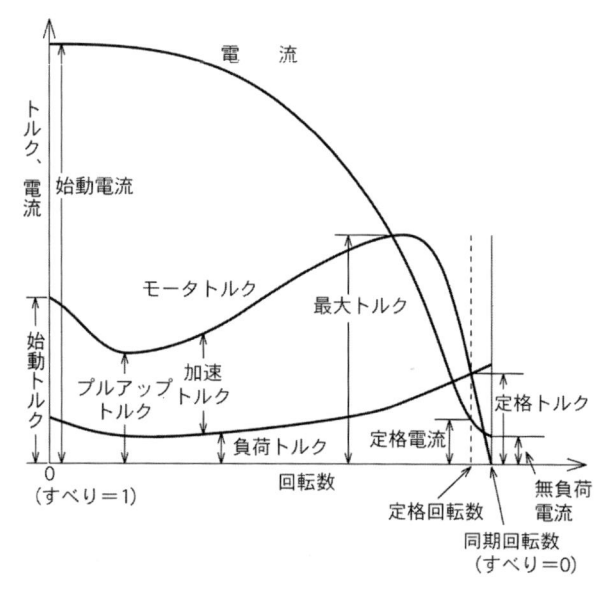

図 4.2.8　速度-トルクカーブ（S-T カーブ）

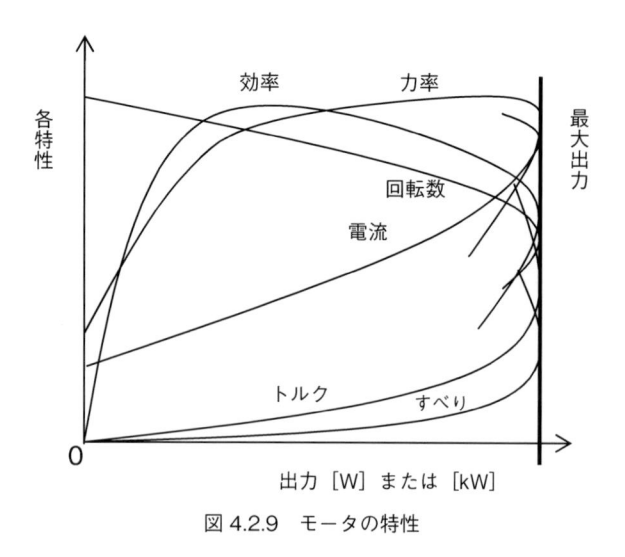

図 4.2.9　モータの特性

規格の円線図法で計算できる．手間と時間はかかるが，実際に負荷をかけて，計測器で電流，電力やトルクを測定するのが真値である．

回転方向　　回転方向を変えるには，3相モータでは3本の接続のうち2本を入れ替えればよい．単相モータではコンデンサ回路（補助回路）の線の相を入れ替えて接続すればよい．

始動，ブレーキ　　モータを始動するには，始動時の始動電流は大きいが，直接電源につないでスイッチをONにする方式が一般的である．その他に，始動時のみリアクトルや始動補償器を接続する方法およびモータの巻線接続を利用するY-△始動がある．これらの方法では始動時の始動電流（突入電流）は直入れの1/3～1/7になるが，始動時のトルクも減少するので始動時間が増加したりする．また，短時間に始動を繰り返すと回転子の温度が異常に上昇するので注意する必要がある．

ブレーキをかけるには，回転方向を運転中に逆にするプラッキング，直流をかけて止める直流制動やモータに発電させる発電（回生）制動などがある．電気的な制動では完全な停止状態保持はできないので，機械的なブレーキが必要である．そのためブレーキをもったブレーキモータが多数使用されている．

回転数変更　　同期速度の式（4-1）から，誘導モータの回転数を変えるには極数か電源周波数を変えればよい．極数を変える極数変換モータでは，同一モータに2種類ないし3種類の巻線（例えば2極と4極の巻線や2極，4極と6極の巻線）などを装備しており，これを運転中に切り替えることにより回転数を変えることができる．また，ギヤーで回転数を変更するギヤーモータは安価なため多数使用されている．

インバータ運転　　パワーエレクトロニクスの発展により，電源周波数を変えるインバータが普及し，無段階に回転数を1～100,000回転数/分以上，容易に変えることが可能になった．

回転数を変えるために周波数を変えることになるが,「電圧 (V)/周波数 (f) ∝磁束密度 (B) 一定」という原則の範囲で変える必要がある．これはモータの鉄心やギャップの磁束密度をほぼ一定に保持するためである．運転周波数に対する電圧，磁束（磁束密度），トルクおよび出力の変化を図 4.2.10 に示した．インバータに接続されている 100 V，200 V や 3,000 V などの電源電

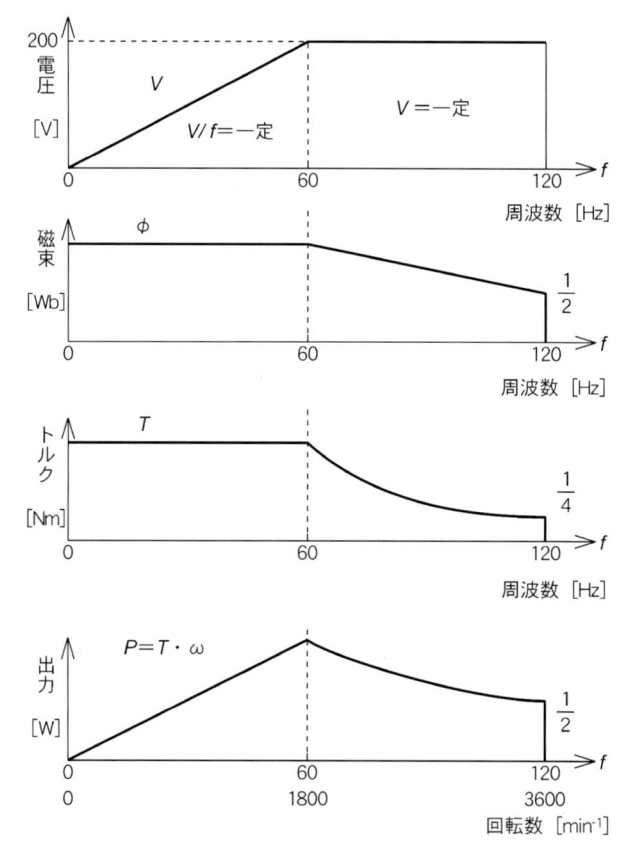

```
電圧 [V]
200 ─────
    V
    V/f=一定    V=一定
  0      60      120  f
              周波数 [Hz]

磁束 [Wb]
   φ
             1/2
  0      60      120  f
              周波数 [Hz]

トルク [Nm]
   T
             1/4
  0      60      120  f
              周波数 [Hz]

出力 [W]
   P=T・ω
             1/2
  0      60      120  f
  0    1800    3600
            回転数 [min⁻¹]
```

図 4.2.10　インバータ駆動時の電圧，磁束，トルクおよび出力と周波数の関係
　　　　　（4 極−200V−60Hz 基準）
　　　　P[出力, W]＝T[トルク, N・m]×ω[回転数, rad/sec]
　　　　（電圧；周波数のグラフで V は電圧を意味する）

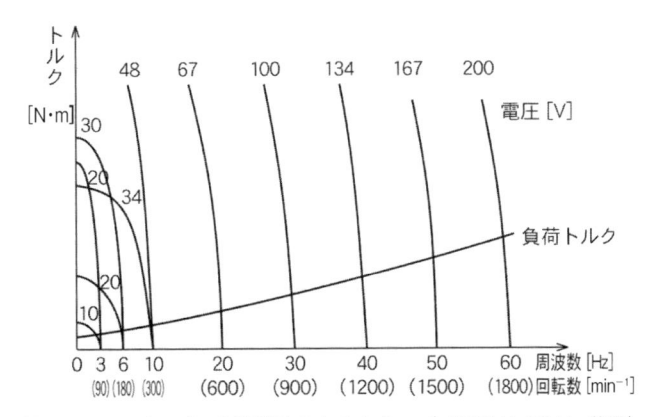

図 4.2.11 インバータ駆動時のトルクカーブ（200 V-60 Hz 基準）
負荷トルクとの交点で回転する．

圧は一定であり，インバータの出力電圧もこれらの電圧以上に上げることはできない．しかし，周波数は変えることができる．電圧は変えずに周波数を上昇させると，基準の周波数（例えば，50 Hz）あるいは 60 Hz 以上では磁束密度が減少し，モータのトルクや出力も低下する．電圧や周波数の関係「V（電圧）/f（周波数）」をほぼ一定で変化させたときの各運転周波数に対する速度-トルク特性を図 4.2.11 に示した．10 Hz 以下になると，巻線の抵抗による一次電圧降下の電源電圧に対する占める割合が大となり，磁束が減少し，トルクが出なくなる．このような周波数領域では電圧を増加させる電圧ブーストをする必要がある．

上記のほか，誘導モータには様々なものがあり，その主なものを以下に示す．

4-2-2 巻線形誘導モータ

回転子のスロットに固定子と同様に，3 相の絶縁シートに包まれた巻線を収めた機種が巻線形の誘導モータであり，始動電流が少なく，速度も容易に変更できるので，ロープウェイやスキー場のリフトなどに使用されている．

最近では，風力発電機用としても脚光を浴びている．回転子へはスリップリング（2-11参照）を通して接続する．構造が複雑なので，かご形誘導モータより割高になる．

4-2-3 単相誘導モータ

家庭などの扇風機，洗濯機，冷蔵庫や換気扇などに使用される単相誘導モータは電流の位相を約90度ずらして，始動時に回転方向の回転磁界を発生させるために，コンデンサなどが使用されている．純粋の単相誘導モータは両方向回転の回転磁界を含有するため，モータの速度-トルク特性は図4.2.12となる．電源のスイッチをオンした始動の瞬間ではどちらの方向でも回転可能であるので，コンデンサにより始動トルクを発生させ，回転方向を設定する．

図4.2.13に示すように，始動時のみコンデンサを接続し，始動完了時には遠心力スイッチでコンデンサを切り離すコンデンサ始動形がある．また，運転効率改善のため運転時にもコンデンサを接続しているコンデンサラン形などがある．コンデンサ始動形モータ回転数とトルクの関係を図4.2.14に示す．

架線から単相の交流を取り入れている新幹線の車両には，空調用などに多

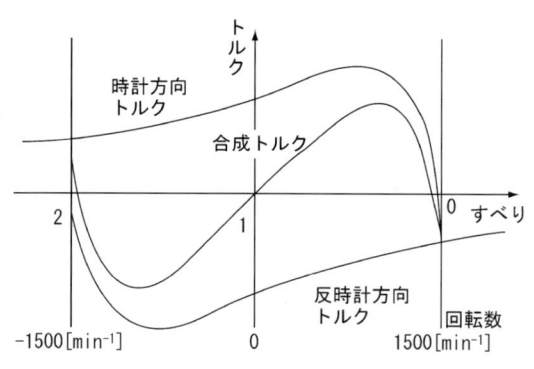

図4.2.12　純単相モータの速度-トルク特性（4極）

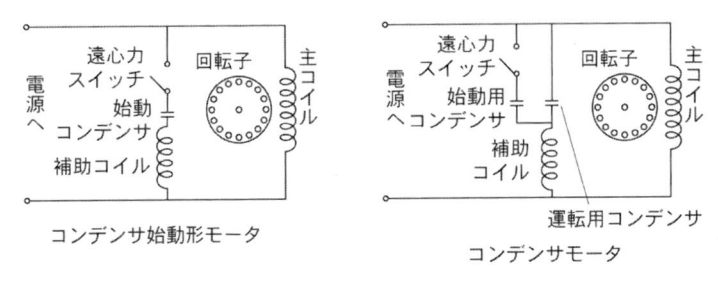

図 4.2.13 単相モータの種類

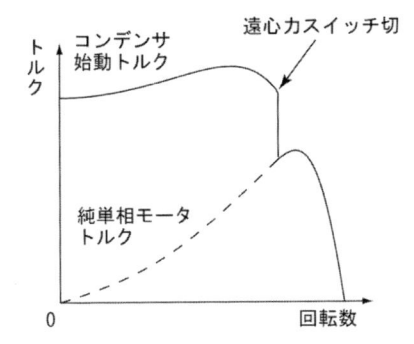

図 4.2.14 コンデンサ始動形単相モータの速度-トルク特性

数の単相誘導モータが使用されている．駆動のメインモータはインバータ制御の3相誘導モータである．

4-2-4 くまとりコイル単相誘導モータ

図 4.2.15 に示すように，二股に分かれた磁極の一方に，短絡リング（くまとりコイル）を装着したモータである．短絡リングを装着した磁極の磁束が短絡リングのない主極の磁束より位相が約 90 度遅れ，両磁極間で移動磁界が形成され，かご形回転子が回転する．10～40 W 程度の小形のモータで採用されるが効率はよくない．ただし構造は巻線と鉄心のみで構成されるため安価で，耐環境性も優れている．

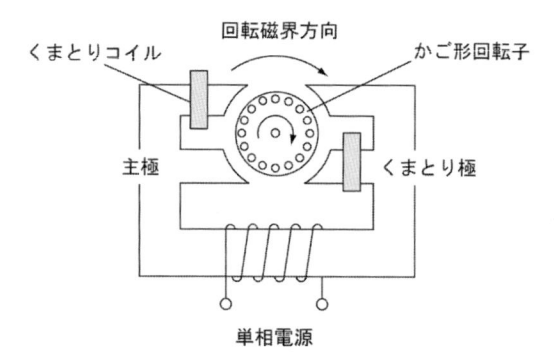

図 4.2.15　くまとりコイル単相誘導モータ

4-2-5　ソリッドロータ誘導モータ

　回転子にソリッド（塊状）鉄心を用いた5～30万［回転数/分］の高速誘導モータもある．効率はかご形より悪いが，ロータは鉄の塊なので，遠心力や高温に強い．

4-2-6　設計と特徴

　これらのモータの設計に関する本は古くから多数出版されており，市販の設計プログラムもある．また，特徴として，磁石や制御回路不要，始動電流大，鉄板，巻線とアルミや銅で構成，負荷により回転数が変動，電源接続のみで始動可能などがある．

4-3　プリンタのモータ（ステッピングモータ）

　プリンタでは図4.3.1のように紙送りやインクヘッドの移動にステッピングモータとよばれるモータを使用している．ステッピングモータは歯車のような歯がギャップを隔てて対向し，電源からの電圧や電流1パルスごとに歯車1ピッチずつ回転するモータである．パルス数と回転子の動きが比例し，位置や回転数の制御が簡単なので，クォーツ式の時計，プリンタ，複写機，

4-3 プリンターのモータ（ステッピングモータ）　　77

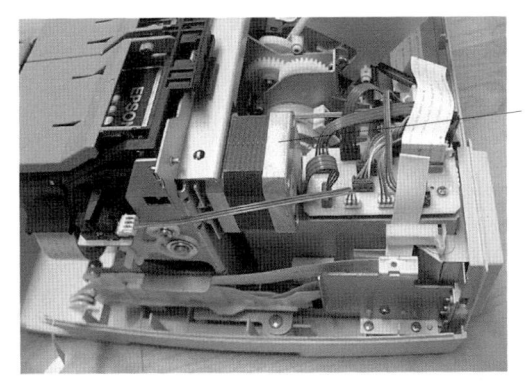

図 4.3.1　プリンタに取り付けられたステッピングモータ
（写真提供：安曇野市立穂高西中学校）

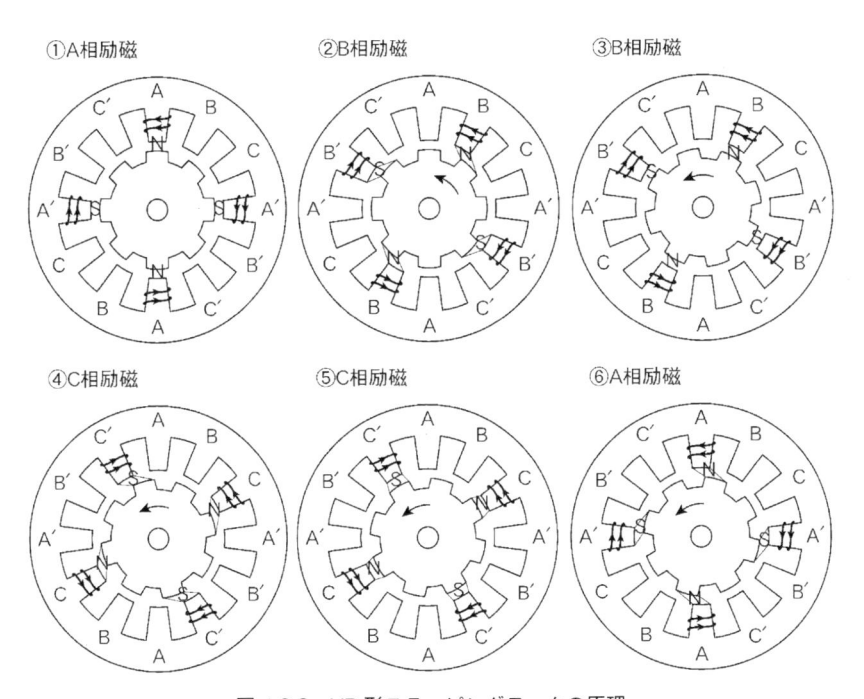

①A相励磁　　②B相励磁　　③B相励磁

④C相励磁　　⑤C相励磁　　⑥A相励磁

図 4.3.2　VR形ステッピングモータの原理

FAXや産業用機器などに幅広く使用されている.

機種としては，磁気回路が鉄だけのVR（バリアブルリラクタンス）型，永久磁石を回転子に用いたPM（永久磁石）型および両者を組み合わせたHB（ハイブリッド）型がある．PM型やHB型はコイルの磁束と磁石の磁束を組み合わせた方式で，動作原理はVR型と同じである．PM型やHB型は磁石の磁束により微妙な動作が可能で，コイルの電流を少なくできる．

動作原理

(a) VR（バリアブルリラクタンス）型　　磁気回路が鉄のみで構成されたVR（バリアブルリラクタンス）型ステップモータの動作原理を図4.3.2に示す．コイルA，B，Cにパルス状の電流を順番に通電していくと，それぞれの鉄心の歯が順番に励磁され，回転子の歯が磁力で吸引され，1パルスごと

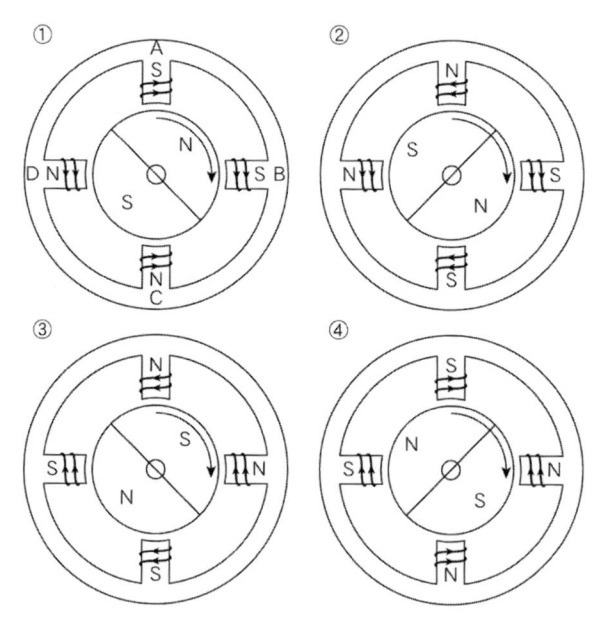

図4.3.3　PM形ステッピングモータの原理（4相励磁）
歯の根元でN，Sを示しているが，実際は歯先がこのN，Sになっている

に1ピッチ回転する．1～6の励磁で1周期である．細かいステップ動作が可能な5相励磁機種もある．いずれも専用の制御装置が必要となる．VR（バリアブルリラクタンス）型ステップ動作原理はスイッチドリラクタンスモータと同じである．スイッチドリラクタンスモータは固定子歯数6～10，回転子歯数4～6程度と少なく，誘導モータなどのように回転が速く，出力が大きい．

(b) PM（永久磁石）型　回転子が2極の永久磁石からなる図4.3.3は4

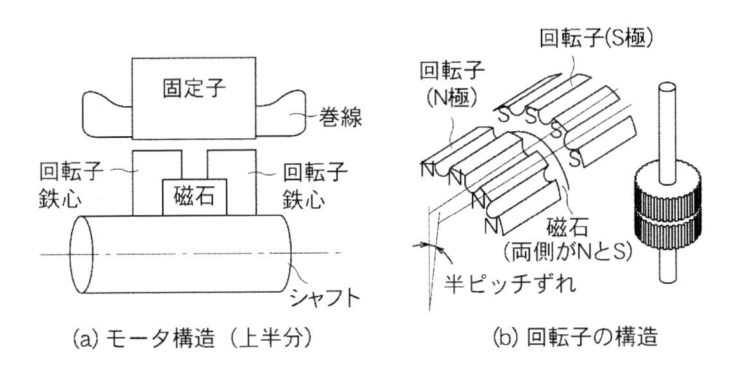

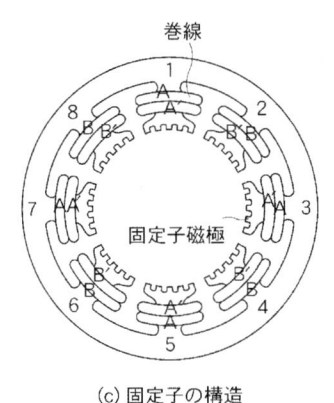

(a) モータ構造（上半分）
(b) 回転子の構造
(c) 固定子の構造

巻線Aと巻線A′はお互いに逆方向に巻かれている

図4.3.4　HB形ステッピングモータの構造
（提供：シナノケンシ㈱）

相励磁である．4個の磁極コイルにパルス上の電流を方向を変えて流すと1パルスごとに1/4回転（90度）ずつ回転する．一定方向の回転のために，回転子はN極S極が斜めに止まるように設定されている．1相励磁や2相励磁もあり，これらの機種は時計などで使用される．

(c) HB（ハイブリッド）型　　永久磁石の磁束を利用する機種で，図4.3.4にモータ，回転子および固定子の構造を示す．回転子の磁石の磁極はお互いに半ピッチずれている．固定子は図4.3.4（c）のように，磁極発生用のコイルが巻かれた8極で各極5歯を有している．図4.3.5のように，固定子の各磁極のコイルにステップ状のパルス電流を流して，磁極1, 5（A相），3, 7（Ā

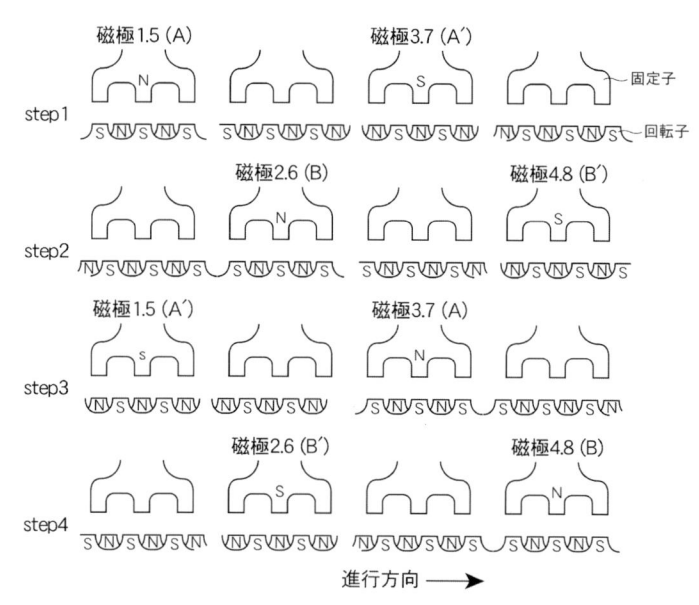

図4.3.5　HB形ステッピングモータの動作
・磁極番号は励磁されている極を示す．
・回転子は電流1step毎に左へ回転子歯ピッチ1/4ずつずれていく．
・A，A′，B，B′は励磁コイルを表す．
　　　　（提供：シナノケンシ㈱）

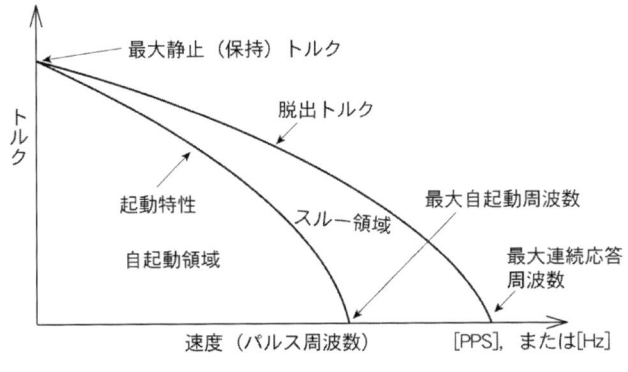

図 4.3.6　ステッピングモータの特性

相), 次に, 磁極 2, 6 (B相), 4, 8 ($\bar{\text{B}}$相) と順次励磁していくと回転子の永久磁石の歯が吸引されて, 回転子歯の 1/4 ピッチずつ右へ移動していく.

特　性　モータの特性は図 4.3.6 に示すように, 電源からのパルスですぐに始動できる領域, 自起動領域と運転中にパルス数を増加したときのみ回転できる領域, スルー領域からなる. しかし, 特定の周波数でのトルクの落込みや起動不能が発生する場合がある.

オープンループ制御　パルスの数から回転子の位置がわかり, パルスの送る速度を変えると回転数が変化する. モータの回転子の位置の信号をモータから貰わなくても回転子の位置や速度がわかるオープンループ制御が可能である.

保持力　パルスを送らずに, そのままの電流を流し続けることにより, 回転子がその位置を保持することができ, そのトルクはホールディングトルクである. さらに, 永久磁石を使用した PM 型や HB 型では電流が流れていないときでも, 磁石の吸引力で回転子をその位置に保持するトルク (ディテントトルク) がある.

トルクの概略計算　VR (バリアブルリラクタンス) 型では一対の極の回転子歯が吸引前のずれている状態と一致した状態の磁気回路を設定し,

ギャップのみの磁気抵抗と励磁の起磁力から磁束密度を算出する．回転子歯の吸引前後の吸引力の平均値と半径の積から1極のトルクが求まる．PM（永久磁石）型およびHB（ハイブリッド）型では磁石に対するパーミアンス曲線から磁石の磁束を求める．コイルの励磁による磁束はVR型と同様にして計算する．両者の磁束密度の和から，回転子歯の吸引前後の吸引力の平均値を求め，トルクを算出する．

特　徴　　特徴として，オープンループ制御可能，回転子の脱調や共振が発生する，自己保持力がある，慣性モーメントの影響を受けやすい，などがある．

4-4　掃除機のモータ

4-4-1　単相交流整流子モータ

このモータは掃除機，電動工具やミキサーなどに$5,000 \sim 6,0000 \text{ min}^{-1}$などの高速回転で使用される．掃除機用のメインモータとして，年々改良され，小形化されている．モータ自体は直巻接続のブラシのある直流モータである．このモータは，ユニバーサルモータ，交直両用モータあるいは交流直巻モータとよばれる．図4.4.1は掃除機のカットモデルと組み込まれた交流整流子モータである．

回転原理　　図4.4.2では単相交流の正（＋）の半サイクルを示している．電機子（回転子）のコイルが発生する電磁力による回転力は両側とも，フレミングの左手の法則より，反時計方向となる．この状態で単相交流の負（－）の半サイクルが流れても，整流子とブラシにより電機子（回転子）コイルの電流方向が逆になり，磁石の極性も逆になるので，コイルが発生する電磁力は反時計方向となる．したがって，単相交流でも同一方向に回転力が発生し，回転する．ブラシと整流子があるので，交流の半サイクル毎に磁極と電流が同時に変化して，導体に発生するトルクの方向は一定となるので，回転方向

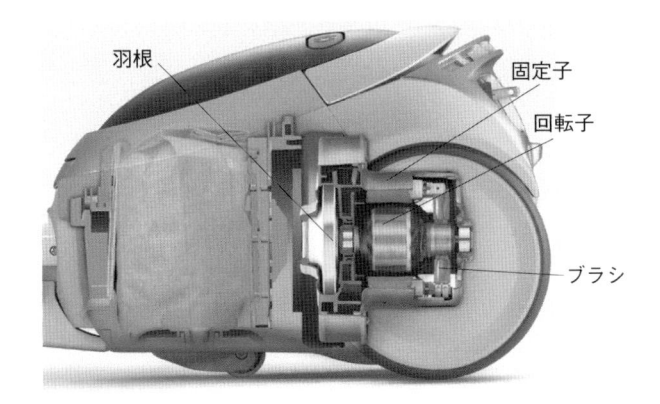

図 4.4.1　掃除機のカットモデルと組み込まれた交流整流子モータ
（写真提供：日立アプライアンス（株））

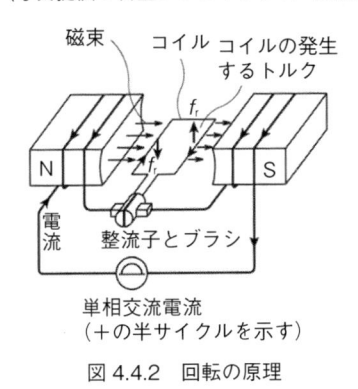

図 4.4.2　回転の原理

も常に同一方向となる．

特　性　特性は図 4.4.3 のように，直流の直巻モータと同様に始動トルクは大きいが，トルクはほぼ回転数の 2 乗に逆比例して低下する．負荷の大きさにより回転数が大幅に変化し，負荷が増加すると回転数は低下する．無負荷時に最高回転数となる．ブラシの位置を変えることにより速度–トルク特性を多少変更することができる．高速回転のため騒音が大きく，またブラシによる電流の瞬断のため電気的なノイズが発生する．ブラシ磨耗もあり，長時間の連続運転には向かない．

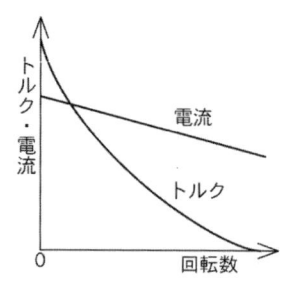

図 4.4.3　交流整流子モータの特性

速度制御　　直巻の直流モータと同じで，電源電圧制御やモータ回路の抵抗制御により回転数を変えることができる．

設計，特性計算　　直流モータの場合と異なり，磁極が半サイクルごとに入れ替わるので，磁極に渦電流による鉄損が発生する．磁極の鉄心は直流モータの場合と異なり，塊状の鉄心でなく，薄い鉄板を積層した構造にする必要がある．

特　徴　　特徴として，高速回転可能（～60,000 $\min^{-1}$），電気ノイズ・騒音大，回転数とトルク逆比例，短時間運転などがある．

4-4-2　スイッチドリラクタンスモータ

このモータは回転子が鉄心のみなので安価であり，4～10万回転の高速回転や高温に強い．しかし磁束で塊状鉄心回転子を順次吸引して回転する方式であり，振動や騒音が大きくなる．効率もブラシレスDCモータと誘導モータの中間になる場合もあり，今後電気自動車用としても期待される．このモータは1960年代以前から英国で研究開発され，英国製の掃除機や米国の洗濯機などで実用化されている．英国製の掃除機に使用されている約10万回転/分のスイッチドリラクタンスモータの分解写真を図4.4.4に示す．掃除機用ということで，モータ本体，制御基板とも安価な材料を使用し，製造コストもかからないような構造であるが，非常に高精度にできており，振動騒音対

4-4 掃除機のモータ　85

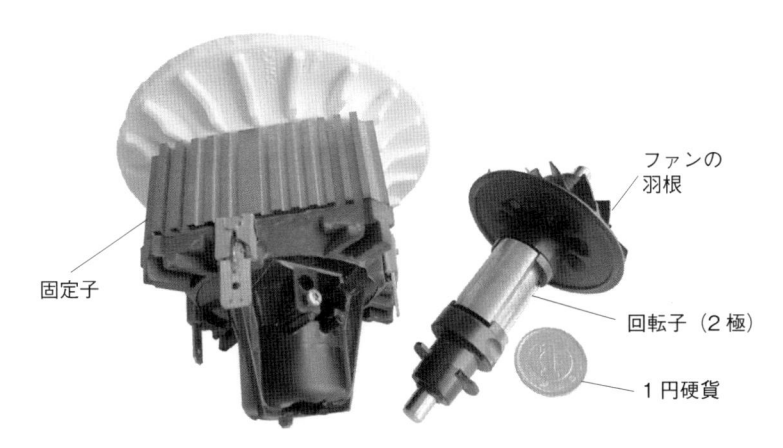

図 4.4.4　スイッチドリラクタンスモータ

策も施された優れたモータである.

構造, 運転　スイッチドリラクタンスモータは VR (バリアブルリラクタンス) 型ステップモータと同一タイプである. 一般的な固定子と回転子のスロット数が 6/4 の機種について, 図 4.4.5 に動作原理, 図 4.4.6 に電流パター

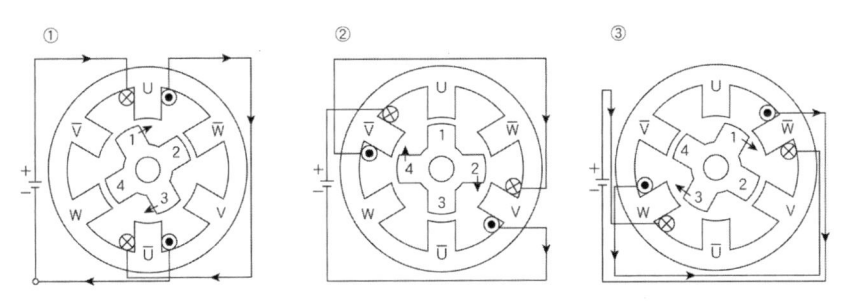

図 4.4.5　スイッチドリラクタンスモータの回転原理

図 4.4.6　スイッチドリラクタンスモータの電流パターン

ンを示す．順次各コイルを励磁する制御回路が必要である．

トルク　　トルクは固定子の歯と回転子の歯が一致したときのインダクタンス（鉄心の磁気エネルギー）と，不一致のときのインダクタンス（鉄心の磁気エネルギー）の差に比例し，平均トルクは次式により概略計算される．

$$T = (1/4) \times L_{dq} \times I^2 \times \sin 2\delta \tag{4-3}$$

ここで，T：トルク[N・m]，L_{dq}：直軸と横軸のインダクタンスの差[H]，I：電流[A]，δ：位相角[rad]

モータトルクと負荷トルクが釣り合った位置で電流を保持しておけば，その位置に保持できる．

特徴　　特徴として，高速高温に強い，振動騒音がやや大きい，構造が簡単，制御回路が必要などがある．

4-5　磁気浮上式鉄道（リニアモータ）

中央新幹線用の磁気浮上式超電導リニアモータ鉄道では図 4.5.1 のように

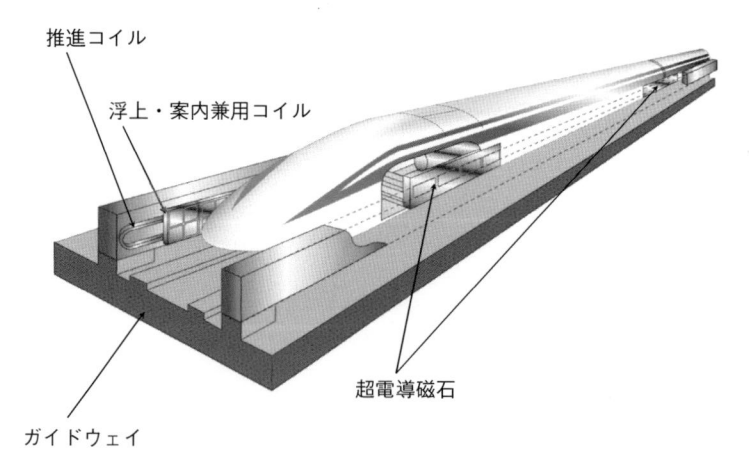

図 4.5.1　リニアモータカー（超電導磁気浮上式鉄道の基本概念）
　　　　　超電導磁石は車上，推進コイルと浮上・案内兼用コイルは地上にある．
　　　　　（提供：公益財団法人　鉄道総合技術研究所）

超電導直流電磁石と地上コイルの電磁力により車両が浮上して推進する．側壁には浮上・案内コイルと推進用コイルが敷き詰められている．8の字形をした浮上・案内コイルの中心より少し下側に車上の超電導の直流電磁石が接近すると，下側のコイルには電磁誘導で超電導の直流電磁石と同極が発生する．この電流により，8の字の上側のコイルには反対極が発生する．これにより車両は下側の同極の反発力（磁気力）と上側の反対極の吸引力（磁気力）で浮上する．ただし，この浮上力はかなり高速でないと車両を浮上させるだけの力を発生しないので，低速時には車輪走行となる．また，この浮上・案内コイルは向かい合った反対側の浮上・案内コイルと回路を作るように接続されているため，車体が左右にずれると，電磁誘導により近接した方に同極が，離れた方に反対極が発生するので，車両は常に走行路の中央を進むことができる．

地上の推進用コイルは3相構成となっており，3相交流が流れ，回転磁界同様，進行（移動）磁界を発生する．この進行磁界に車上の超電導の直流電磁石が吸引されて走行する．これは電磁石型の同期モータであり，地上側のコイルの周波数や極ピッチを変えることにより，速度を変えることができる．地上側のコイルは列車が存在する区間のみを通電し，列車ごとに周波数を変えて，速度を調整できる．

リニアモータというと空中に浮いて進むようなイメージがあるが，リニアモータ自体は，実際には浮くどころか，逆に固定子（1次側）と移動側（2次側）が強力な磁気吸引力でお互いに吸引される．浮上には推進用のリニアモータのほかに，浮上用の装置（電磁式浮上装置または空気式浮上装置など）が必要となる．

常温では，電磁吸引制御式の磁気浮上により，愛知高速交通東部丘陵線がリニア誘導モータで営業運転を行っている．

種　類　リニアモータは一般の回転するモータを直線状に展開したもの

で，すべてのモータがリニアモータになりうる．回転形のモータと同時期に発明されており，古い歴史を有する．回転形のモータでは端がなく，いわば無限長であり，固定子と回転子間に作用する磁気吸引力も円一周でバランスが取れるため，回転子の支持もベアリングで簡単である．しかし，リニアモータには端があるので，磁束分布が端で乱れ，電気的な特性の悪化を招く（端効果）．さらに，端での移動子のリターンのための制御が必要となる．移動子（二次側）がスムーズに動けるように，固定側（固定子，電源側，1次側）と移動側（移動子）の間は，ある程度の隙間（ギャップ）が必要となるが，ギャップが回転形の10倍以上となるため，効率や力率が悪化する．固定子と回転子の間には推力の7〜8倍の強力な磁気吸引力が発生するので，支持や車輪も頑丈にしなければならない．これらの欠点のために，早々に姿を消してしまったが，近年，直接，直線方向の駆動力が得られ，急加速や高速が容易であり，またモータを薄くできるなどの利点を生かし，リニアでしかできない用途に活用されるようになった．しかし，用途や生産量が拡大するとは考えにくい．ものめずらしさで開発，使用されても，結局，回転型に比べて，電流が多く，サイズが大きいなどの理由で回転型のモータが採用されるケースが多い．

形　状　図4.5.2のように，フラットで，片側式や両側式，円筒形やアーチ形など，用途に応じて種々の形状が成り立つのが特徴である．移動側は1次側（電源側），2次側どちらでもよく，進行方向の長さは1次側，2次側のどちらが長くてもよい．

用　途　話題となる山梨の実験線の磁気浮上式超電導リニアモータのほかに，日本の地下鉄では超電導でないリニアモータが多数実用化されている．都営地下鉄大江戸線，大阪市営地下鉄長堀鶴見緑地線や福岡市営地下鉄七隈線等がリニア誘導モータである．線路の間に2次導体板（銅板やアルミ板など）とその裏側に鉄板が敷設されており，電車の車体の下に推力を発生する

図 4.5.2　リニアモータの形状

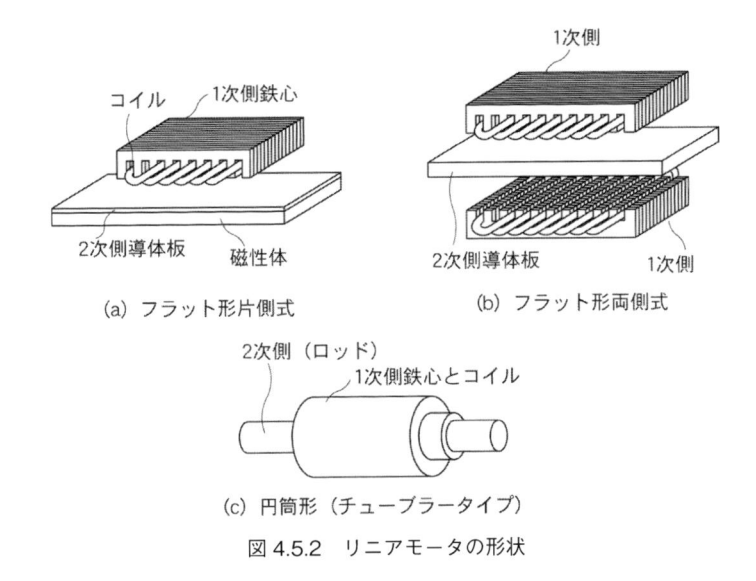

1次側が2次側導体と向かい合わせに固定されている．モータがフラットなので電車の車高を低くでき，トンネルも小さくできる．さらに，車輪を介さない直接駆動なので，車輪のスリップがなく，急坂にも強い．その他，液晶用のサイズの大きいガラス基盤を扱うXYテーブルの駆動や工作機械などでも実用化されている．

フラット形3相リニア誘導モータの固定子と銅の2次導体板の写真を図4.5.3に示す．両側式のリニアモータなので，2次導体板には背面の鉄板はない．

速　度　誘導モータ形や同期モータ形の同期速度は次式で表される．

$$V_s = 2 \times \tau \times f \tag{4-4}$$

ここで，V_s：同期速度[m/sec] τ：極ピッチ[m]，f：周波数[Hz]

リニア誘導モータでは回転形誘導モータと同様，負荷により同期速度が変化し，同期速度より遅くなる．

制御，特性，設計　制御は対応する回転形のモータの方式による．特性

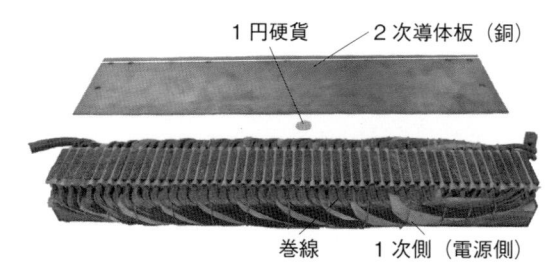

図 4.5.3 フラット型リニアモータ
固定子と 2 次側導体銅板

計算や設計は対応する回転形の計算方式を用いればよいが，リニアモータでは両端があるため，長さが短いものほど端での磁界の乱れの影響（端効果）を受け，特性が悪化する．

特　徴　特徴として，用途に応じた形状が可能であるが，端やギャップなどのため効率が悪い，移動速度を大にできる．

4-6　ロボットのモータ

4-6-1　サーボモータ

ロボットの関節には図 4.6.1 のようにサーボモータ（17 個）が組み込まれている．産業用ロボットのスカラ型マニピュレータにも，図 4.6.2 のように各関節用にサーボモータが組み込まれている．サーボモータはロボットのみならず，自動改札機，半導体製造装置，液晶ガラス基板製造装置や工作機械など，機械の動作をコントロールする場合に幅広く使用されている．サーボモータでは図 4.6.3 のように，モータに回転子の位置や回転数を検出するレゾルバやエンコーダを回転子の反負荷側シャフトに付けている．図 4.6.4 の簡単なサーボモータのシステムではエンコーダ，電圧や電流の値を制御回路に取り込み演算し，回転子の位置，回転数やトルクを求め，目的の位置，回転数，トルク（回転力）になるように，高精度に電流，電圧および周波数を

図 4.6.1　ロボット
各関節にサーボモータが組み込まれている
(写真提供：近藤科学㈱)

コントロールする．これによってロボットはアームを介して物を掴んだり移動させることができる．サーボモータには，従来，多数使用されていたブラシ付直流モータのDCサーボモータと，最近主流のACサーボモータがある．ACサーボモータにはブラシレスDCモータや誘導モータがあり，また，サーボリニアモータなどもある．

制御　制御回路では，1チップマイコンやデジタルシグナルプロセッサ（DSP）により，種々のデータを演算（比例，微分，積分や現代制御理論による処理）して，高速で高精度な制御を行う．このようなシステムをフィードバック制御という．最近のセンサレス制御では回転数を検出するレゾルバやエンコーダなしで，回転数や位置を計算で求めて，モータをコントロール

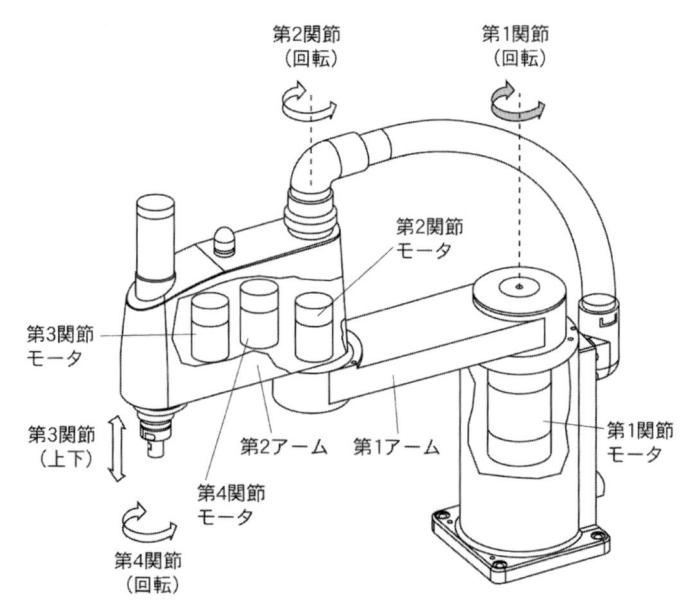

図 4.6.2　スカラ型マニピュレータのモータ
（図のモータは全てサーボモータ）

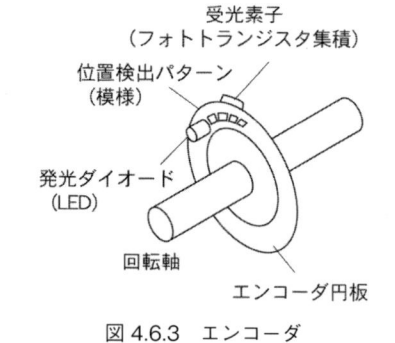

図 4.6.3　エンコーダ

している（「3-13　センサレス制御の概要」参照）．

　エンコーダ　　エンコーダの円板には図 4.6.5 のように 2 種類ある．回転数のみを検出するインクリメント型エンコーダと回転位置を高精度に検出で

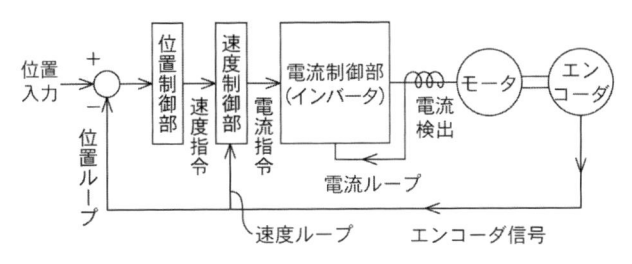

図 4.6.4　サーボモータの制御ブロック図

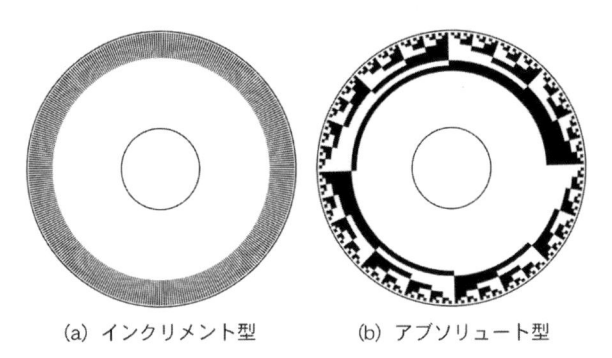

図 4.6.5　ロータリーエンコーダ
(a) インクリメント型　(b) アブソリュート型

きるアブソリュート型エンコーダである．

特　徴　特徴として，高精度制御可能（回転数，位置，トルク），制御回路が必要，値段が高い，回転数検出装置が必要などがある．

4-6-2　ブレーキモータ

　モータの完全な停止や停止保持は電気的には困難であり，ブレーキが必要となる場合がある．ブレーキディスクなどの機械式のブレーキを装着したモータであるブレーキモータは，電源オフ時にもその位置を保持できる．立体駐車場，エレベータやエスカレータなどに幅広く使用されている．

4-7 模型のモータ（直流モータ）

模型の自動車や電車は，ほとんど図4.7.1のようにブラシ付の直流モータが搭載されており，直流電源や電池で駆動する．1950年頃の本物の電車も

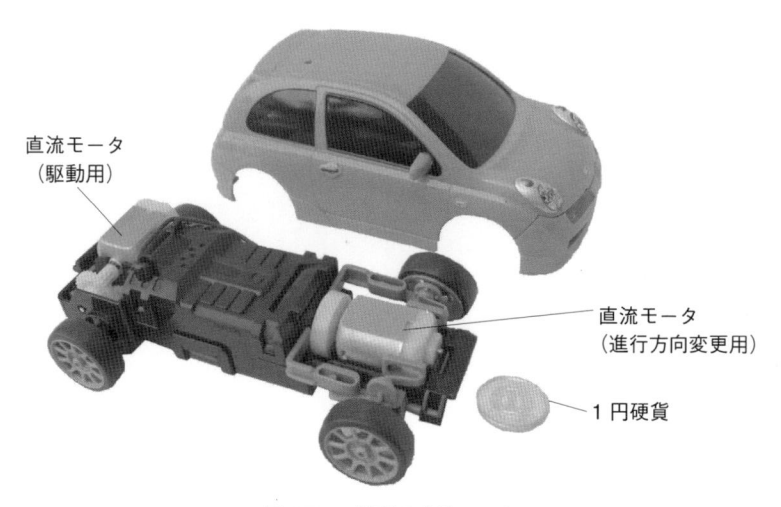

図4.7.1 模型の直流モータ

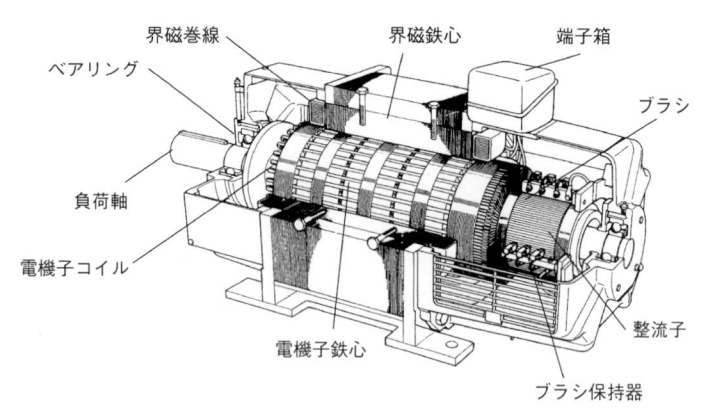

図4.7.2 産業用直流モータのカットモデル
（提供：川俣精機㈱）

ほとんどこの直流モータで動いていた．近年投入されている新型車両はインバータと組み合わせた誘導モータである．現在では，直流モータは，時々しか運転しない車のワイパー，パワーウィンドウや座席の移動などに使用されている．図4.7.2の構造断面図に示すように，直流モータにはブラシと整流子があり，ブラシが磨り減って粉を出すため定期的に掃除したり，磨り減ったブラシを取り替える必要があり，メンテナンスに手間がかかる．

　そこでメンテナンス不要な誘導モータやブラシレスDCモータと制御回路（インバータ）の組合せで，容易に直流モータ並みに速度制御ができるようになると，直流モータは急速に制御回路付のモータに取って代られた．これらのモータと制御回路の組合せはブラシ付の直流モータより値段が高い，安価で簡単に速度制御ができる直流モータは時々しか運転しない負荷など，小形の分野では依然としてブラシ付直流モータが幅広く使用されている．

　トルク　　直流モータは図4.7.3に示すようにフレミングの左手の法則で回転する．この図で左側の導体aに着目して，フレミングの左手の法則を適用する．ブラシと整流子を通すと左側にきた導体には，電流が常に紙面の奥から手前に流れる．したがって，左側の導体には常に上向きの電磁力f_r[N]

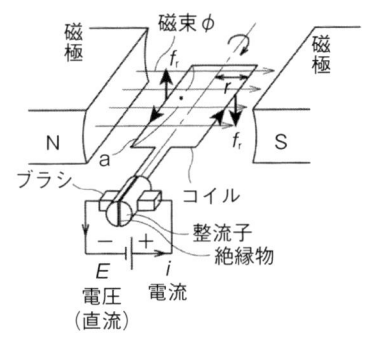

図4.7.3　直流モータの動作原理

f_r：電磁力 [N]　　ℓ：磁界中の導体の長さ [m]　　r：コイルの半径 [m]　　ϕ：磁束 [Wb]

$=B\ell i$ が発生する．一方，右側に来た導体には常に電流が紙面の手前から奥へ流れる．右側のコイルには常に下向きの電磁力 $f_r = B\ell i$ が発生し，コイルは常に時計方向に回転する．左右の導体の回転中心からの半径を r[m] とすると，この導体に働くトルクは次式となる．

$$T = f_r \times r = B\ell i r \tag{4-5}$$

ここで，T：トルク[N・m]，f_r：電磁力[N]，r：導体の回転半径[m]，B：磁束密度[T]，ℓ：導体長さ[m]，i：電流[A]

左右の導体，両方合わせて，導体に働くトルクは $2 \times T = 2B \times \ell \times i \times r$ となる．

一方，このトルクにより，導体が磁界中を V_s[m/sec] で回転すると，フレミングの右手の法則により，図に示す方向すなわちモータのトルクを発生させる電流と逆方向の次式の誘導起電力（逆起電力）が発生する．

$$e = V_s \times B \times \ell \tag{4-6}$$

ここで，e：誘導起電力[V]，V_s：導体速度[m/sec]

両側の導体を合わせた誘導起電力は $2e$[V] $= 2V_s \times B \times \ell$ となる．この誘導起電力もいれて，電池（モータの電源）電圧と導体抵抗を含めた等価回路は図 4.7.4 となり，その回路方程式は次のようになる．

$$E = 2e + iR = 2V_s \times B \times \ell + iR \tag{4-7}$$

ここで，E：電池（電源），電圧[V]，R：抵抗[Ω]，i：電流[A]

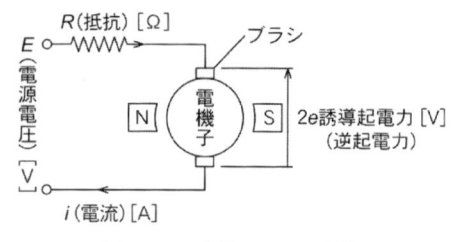

図 4.7.4　直流モータの回路

最高速度　式(4-7)からわかるように，回転数が増加すると誘導起電力が増加して，電源電圧の上限に近づき，電源電圧を増加できなくなり，電流が流れ込まなくなる．このため回転数はそれ以上上昇しなくなり最高回転数となる．

出　力　式(4-7)の両辺に電流 i を掛けると次式となる．

$$E \times i = 2V_s \times B \times \ell \times i + i^2 \times R \tag{4-8}$$

ここで，導体の回転速度に角速度 ω を用いると，$V_s = \omega \times r$ となり，また $(B \times \ell \times i)$ は電磁力 f_r なので，式(4-8)は次のようなる．

$$E \cdot i = 2\omega \times r \times f_r + i^2 R = 2\omega \times T + i^2 R = P_{out} + P_{cu} \tag{4-9}$$

ここで，$E \cdot i$：電力[W]，ω：回転角速度[rad/sec]，r：導体回転半径[m]，f_r：電磁力[N]，T：トルク[N・m]，P_{out}：モータ出力（機械的出力）[W]，P_{cu}：導体の銅損[W]

P_{out} はモータ出力で，電気エネルギーが機械動力になった転換電力である．モータの出力（機械的出力）は次式となり，これは入力電力から銅損を引いたものである．

$$P_{out} = E \cdot i - P_{cu} \tag{4-10}$$

実際には損失には鉄損，機械（摩擦）損や通風（風）損などがある．モータ出力，トルクおよび角速度の一般式は次式となる．

$$P_{out} = T \times \omega = T \times 2\pi \times n_{sec} \tag{4-11}$$

ここで，n_{sec}：一秒間の回転数[回転数／秒；rps]

界磁回路　図4.7.3では磁石により，N極とS極を表したが，実際のモータでは直流電流によりN極とS極の磁極を構成し，この回路を界磁回路という．界磁回路の電流が極端に小さくなったりゼロになったりすると，誘導起電力がなくなり，モータの回転数が瞬間的に急激に増加し，非常に危険になる．とくにスイッチを切るときは界磁を最後に切るようにしなければならない．

制　御　直流モータの回転数の制御には逆起電力が関係する．誘導起電力には磁束密度 B[T] が含まれるので，磁束密度に面積を乗じた磁束 Φ [Weber；Wb] と定数 k を用いて，誘導起電力は式(4-12)となり，この式と式(4-7)を組み合わせると式(4-13)となる．

$$e = k \times n_{\mathrm{sec}} \times \Phi \tag{4-12}$$

$$n_{\mathrm{sec}} = (E - i \times R)/2k\Phi \tag{4-13}$$

ここで，e：逆起電力[V]，k：定数，Φ：磁束[Wb]
この式から，回転数 n_{sec}[rps] を変えるにはモータの電源電圧 E[V] を変える電圧制御，磁極の磁束 Φ[Wb] を変える界磁制御（磁極に流れる電流を変える）および回路の抵抗 R[Ω] を変える抵抗制御のいずれかを行えば良いことになる．

　模型の電車などではコンセントから可変単巻変圧器（スライダック）を通して，整流器が接続されている．スライダックで電圧を変えれば，電車のモータの直流電圧を簡単に変えること（電圧制御）ができ，模型電車の速度をコントロールすることができる．

接　続　直流モータでは界磁（磁極）回路と回転子（電機子）の回路を図4.7.5のように直列と並列に接続する方式があり，特性は図4.7.6のようになる．直列接続の場合は直巻モータで，従来の電車用モータである．直巻モータは単相の交流（家庭用の100V）でも使用できる交直両用モータでもある．並列接続は分巻（復巻）モータで，回転数を変えてもトルクが変化しないので，従来工作機械やエレベータ用として使用されてきた．その他，界磁の電源を電機子の電源を別にした他励モータもある．

始　動　直流モータは誘導起電力（逆起電力）とのバランスで運転されているので誘導起電力（逆起電力）のない始動時には大きな始動電流が流れ，モータを破損する場合がある．始動には必ず抵抗を入れて始動電流を抑制し，回転数が上がるにつれて，徐々に抵抗を減らしていく必要がある．

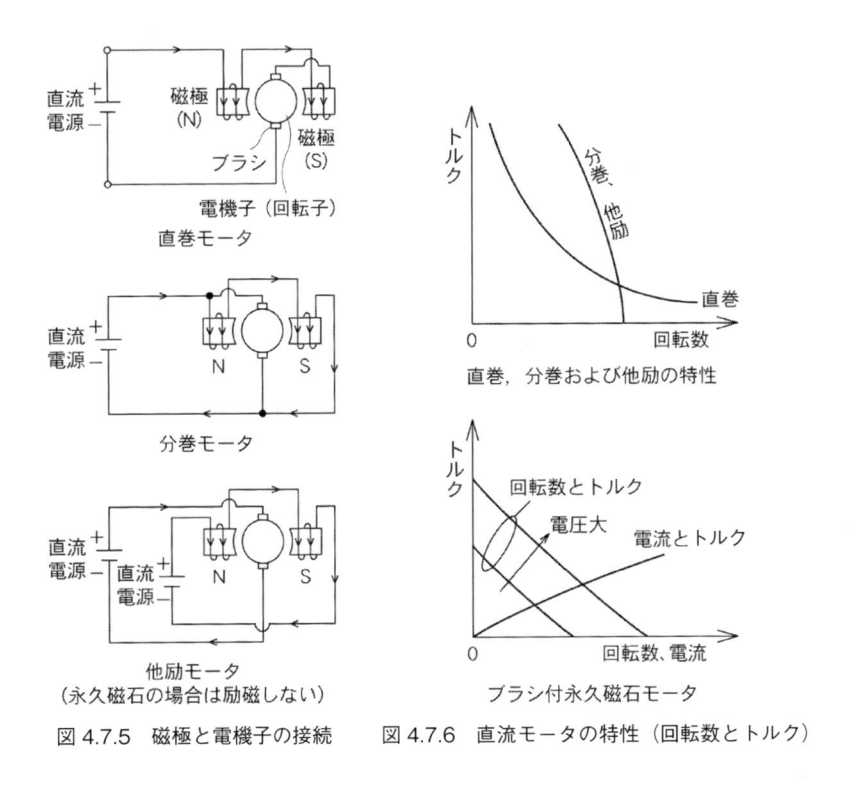

図 4.7.5　磁極と電機子の接続　　図 4.7.6　直流モータの特性（回転数とトルク）

特　徴　特徴として，速度制御容易，ブラシの交換掃除要，安価，始動電流大（始動抵抗必要）などがある．

4-8　時計・タイマーのモータ（ヒステリシスモータ）

ヒステリシスモータの断面図を図 4.8.1 に示す．回転子はヒステリシス特性を有する磁石や特殊合金から構成された円盤であり，スロットやコイルを有しないので，回転が大変スムーズで静かである．タイマー，時計や記録紙の紙送りに使用されることが多い．回転子がヒステリシス特性を有する合金の円盤の場合には，10 万回転などの高速回転で使用できる．

動作原理　トルクは回転子の B-H カーブの面積，すなわち磁気エネル

図 4.8.1　円周方向磁束形ヒステリシスモータ

ギーに比例するが，B-H カーブ面積の大きな材料が得にくいためサイズの割には出力が小さい．

特　性　　トルク-回転数特性は図 4.8.2 のようになり，3 相の場合は回転子の渦電流による誘導モータとして始動し，単相の場合はコンデンサを接続して始動する．同期モータであり，始動から同期回転数まで電流はほぼ一定である．トルクは次式で計算できる．

$$\text{トルク}[\text{N·m}] = \text{係数} \times \text{極数} \times (\text{ヒステリシスリング損})$$

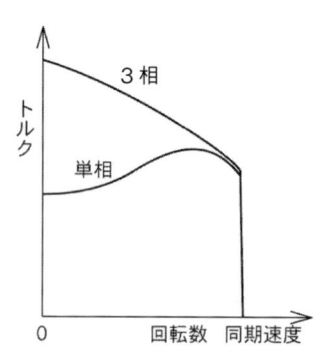

図 4.8.2　ヒステリシスモータの速度-トルク特性

$$\times (\text{ヒステリシスリング体積}) \qquad (4\text{-}14)$$

速度制御 電圧／電源周波数の比を一定にして，周波数を変化させる．

特　徴 特徴として，回転が滑らか，出力が小さい，単相，3相とも可，始動トルクが小さいなどがある．

4-9 ファン・ポンプのモータ（同期モータ）

負荷の大小にかかわらず，電源周波数の同期速度で回転し，効率もよく，3相や単相がある．誘導同期モータ（自己始動同期モータ）は，近年，エアコンの室外機コンプレッサ用として使用されるようになった．

構　造 簡単な構造を図4.9.1に示す．機種は2種類あり，回転子の磁石により永久磁石でN極やS極を構成する機種と直流電流によりN極やS極の磁極を発生させる機種がある．前者の機種は小形で，負荷の変動にかかわらず一定速度で回転する必要がある紡錘機，ファン，ポンプやコンベアなどの用途に用いられる．後者は大形が多く，効率がよいので，セメントのロータリキルンや鉄の溶鉱炉の送風機などに使用される．

動作原理 同期モータの固定子は誘導モータと同様に回転磁界を発生

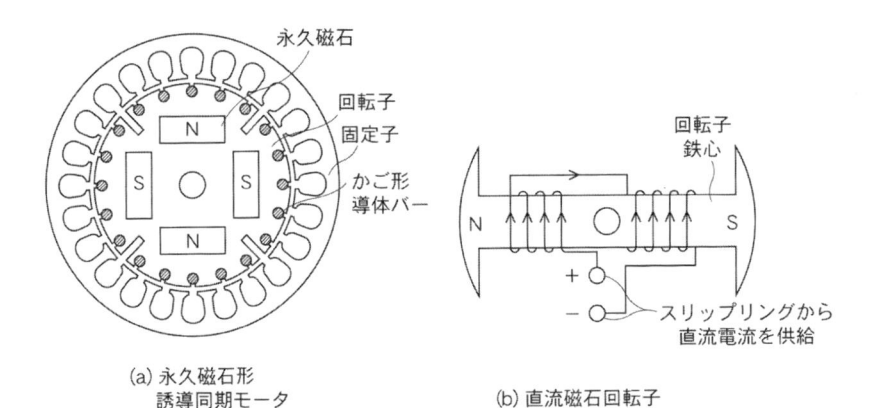

(a) 永久磁石形誘導同期モータ　　(b) 直流磁石回転子

図 4.9.1　同期モータの構造

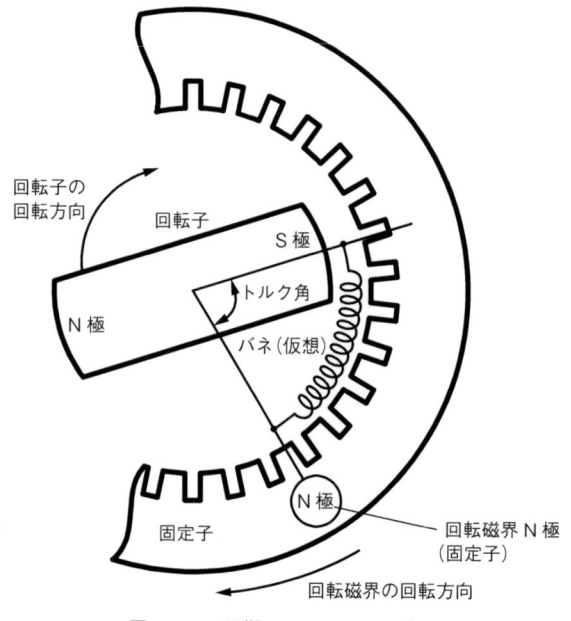

図 4.9.2　同期モータのトルク発生

し，図 4.9.2 に示すように，磁石の回転子が吸引されて回転する．最近注目されているのが，図 4.9.1 (a) に示した誘導モータと永久磁石モータを合体した誘導同期モータである．回転子には磁石のほかに，かご形誘導モータのバーなどがあり，誘導モータとして始動して，運転は永久磁石による効率のよい同期モータとして行う．永久磁石のあるブラシレス DC モータと異なり，始動や運転に制御回路が要らず，商用電源に接続すれば運転できる．始動電流は大きいが，運転効率がよいのがメリットである．

始　動　大形の同期モータは自己始動ができないので，同期速度付近まで，別置の誘導モータで加速してもらったり，回転子が徐々に加速できるように，低い周波数から加速する低周波始動を行う．直流電磁石回転子の磁極が塊状の鉄でできている場合には，この鉄心に発生する渦電流による誘導

モータとしてのトルクを利用して加速する．誘導モータとして始動し，同期モータとして運転するときの速度-トルク特性を図4.9.3に示す．誘導モータとして始動し，誘導モータのトルクカーブに沿って加速する．回転数が同期速度の近傍になると，急にトルクが増大し，この図のように同期引き入れトルクが発生し，自動的に同期速度で回転するようになる．

　トルク角，負荷角　　図4.9.2のように回転磁界と回転子の磁極の中心の角度差がトルク角，負荷角または位相角で，図4.9.4の電気角で90度の時がトルク最大（脱出トルク）となる．このような位相角はブラシレスDCモー

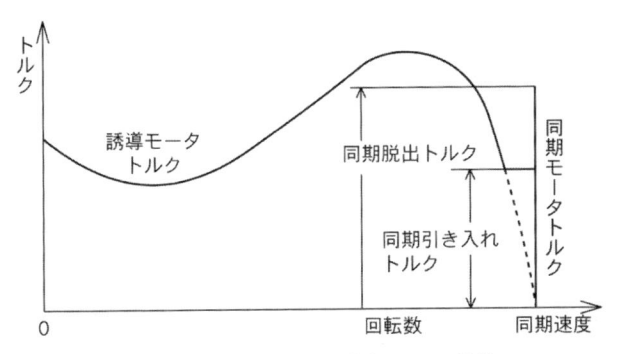

図4.9.3　同期モータの速度-トルク特性

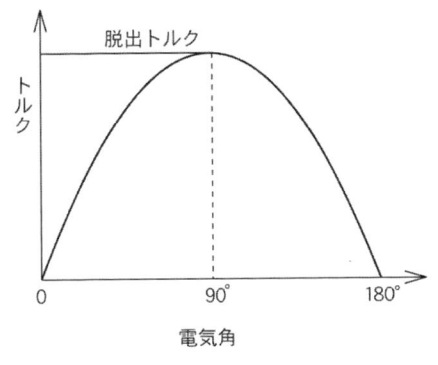

図4.9.4　トルクとトルク角

タでも用いられる.

速度変更　電源の周波数を変えれば，同期速度が変わり，回転速度も変わる．回転方向は3相の線の2本を入れ替えれば逆回転となる．

力率制御　磁極が直流電磁石の回転子では磁極（界磁）電流を変化させることにより，電圧と電流の位相を図4.9.5のように変えることができ，同期調相機となる．進み力率にしたり，遅れ力率にしたりできるので，工場などで電源の力率を調整したい場合に便利である．

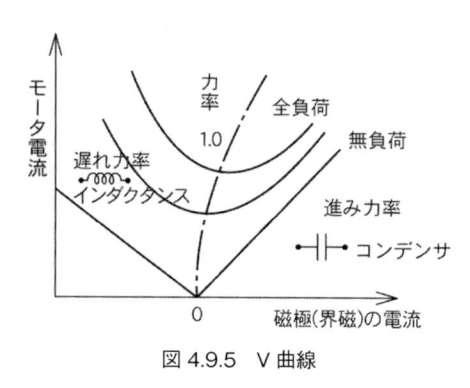

図4.9.5　V曲線

特　徴　特徴は，制御回路不要，自己始動では電流大，効率が誘導モータより高い，自己始動できない機種がある，などである．

4-10　マイクロマシーンのモータ（静電モータ）

静電界の静電エネルギーを利用したこのモータはコイルなどを作り込みにくいICチップ内などに形成するのに適している．静電力は次式で表される．

$$f_s = (1/2) \times \varepsilon_0 \times E_s^2 \tag{4-15}$$

ここで，f_s：静電力[N/m^2]，ε_0：真空誘電率(8.854×10^{-12})，E_s：電界の強さ[V/m]

空気中での最大の電界の強さは3×10^6V/m程度なので静電力は39.8 N/m^{2}となる．一方，電磁力（式(2-11)参照）は磁束密度が0.7Tでは$1.9 \times$

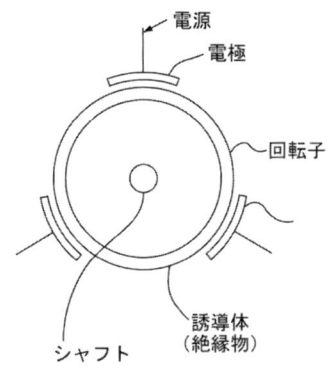

図 4.10.1　静電モータ

10^5 N/m^2 となり，静電力の約 4,800 倍である．磁気吸引力に比較して静電力は極端に小さいために，静電力によるモータはほとんど実用化されていない．静電モータには図 4.10.1 に示す円筒形や円盤形がある．電磁力のモータ同様，3 相や単相構造がある．2 相 − 8 kV で直径，長さとも 70 mm のモータの発生トルクは 4 g − cm 程度である．

特　徴　電界で動作する，トルクが微小，コイル，インダクタンスが不要，高い電圧が必要などがある．

4-11　デジタルカメラのモータ（超音波モータ，圧電素子モータ）

図 4.11.1 にカメラの交換レンズに装着された超音波モータを示した．電圧を印加すると伸縮し，ひずみが生ずる圧電素子（ピエゾ素子）を使用して，回転力や直線移動力を発生させるようにしたモータである．このような素子では，高周波の電圧を印加すると 20 kHz 以上の超音波振動を発生する．逆に，このような素子で，力を加えると電圧を発生するものもあり，着火用のライターなどに使用される．

動作を図 4.11.2 に示す．圧電振動子を円形にすると回転させることができる．特徴としては低速，高トルクであり，摩擦による駆動のため，停止時の

図 4.11.1　カメラレンズの超音波モータ
（画像提供：キヤノン㈱）

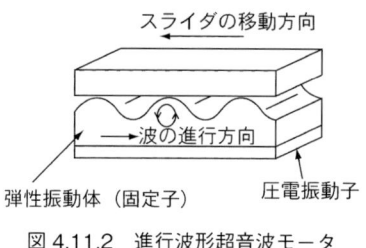

図 4.11.2　進行波形超音波モータ

保持力があり，始動や停止などの制御性もよい．磁界の発生もなく，騒音も小さい．ただし，摩擦による駆動なので，移動部分の接触面の磨耗が発生する．カメラのレンズ駆動やパーツフィーダ駆動に使用されている．種々の形状を選択できるので，製品にあった組込みが可能である．

　特　徴　　特徴として，保持力，ブレーキ力がある，摩擦による磨耗がある，磁気を発生しない，高速回転はできないなどがある．

　最後に，表 4.1 にこれまでに述べた各種のモータの特性をまとめて示す．この表を見れば分かるとおり，モータにはそれぞれの特徴があり，使用目的や使用環境などを十分に検討し適切なものを選定しなければならない．

表 4.1　モータの特性比較表

機　種	最大出力*	最高回転数* (min⁻¹)	電　源**	特　徴
ブラシレスDCモータ（永久磁石モータ）	1000 kW	100000	専用ドライバー	高効率 磁石や制御回路など高値
3相誘導モータ	1000 kW	100000	3相電源, 汎用インバータ	始動電流大 負荷により，回転数が変動
3相巻線形誘導モータ	1000 kW	3600	3相電源, 汎用インバータ	負荷により，回転数が変動 外部抵抗により速度制御可能
単相誘導モータ	22 kW	100000	単相電源, 汎用インバータ	始動電流大 負荷により，回転数が変動
くまりコイル単相誘導モータ	300 W	3600	単相電源, 汎用インバータ	構造が簡単 効率が悪い
ステッピングモータ	1000 W	～5000	専用ドライバー	回転数や位置制御容易 停止保持力有
単相交流整流子モータ	3000 W	100000	単相電源, 汎用インバータ	高速回転可能 騒音大
スイッチドリラクタンスモータ	300 kW	100000	専用ドライバー	停止保持力有 騒音大
直流モータ	1000 kW	3600	直流	速度制御簡単 ブラシと整流子の保守要
ヒステリシスモータ	1000 W	100000	単相，3相電源, 汎用インバータ	回転が滑らか 出力が小さい
同期モータ（直流励磁）	1000 kW	3600	3相電源，汎用インバータと磁極用直流	回転数変動無し 自己始動できない
誘導同期モータ	15 kW	10000	単相，3相電源, 汎用インバータ	運転時の効率よい 始動電流大
超音波モータ	10 W	300	専用ドライバー	磁気を発生しない 停止保持力有
静電モータ	10 W	100	専用ドライバー	出力が非常に小 高電圧が必要

*　最大出力や最高回転数はおおよその目安を示している．（出力～1000 kW は 1000 kW 以上の出力の機種も製作できる.）

**　電源が単相電源，3相電源，汎用インバータの機種は電源接続すれば，運転可能．電源ただし，同期モータ（直流励磁）は除く．

参 考 文 献

（1） （株）日立製作所，総合教育センタ技術研修所編，「わかりやすい小形モータの技術」，オーム社，p.12（2002）
（2） 山田一，「リニアモータと応用技術」，実教出版，pp.28-29（1979）
（3） 坪島茂彦，中村修照，「新版 モータ技術百科」，オーム社（2007）
（4） 見城尚志，永守重信，「新・ブラシレスモーター システム設計の実際―」，総合電子出版社（2000）
（5） 誘導機電磁騒音解析技術調査専門委員会，「誘導電動機の電磁振動と騒音の解析技術」，電気学会技術報告，第1048号（2006）
（6） Hendershot, J.R., Miller,T.J., "Design of Brushless permanent ― Magnet Motors", *Magna Physics Publishing and Clarendn Press*, Oxford（1994）
（7） 糸見和信監，「実用モータ設計マニュアル」，総合電子リサーチ（1992）
（8） http://www.gla.ac.uk/departments/speed/
（9） 藤了念，「解説 誘導機」(I)(II)，オーム社（1962）
（10） 正田英介，吉永淳，「アルテ21 電気機器」，オーム社（1997）
（11） www.skcj.co.jp/motor/category3.html/：シナノケンシ
（12） 山田博，「精密小型モータの基礎と応用」，総合電子出版（1985）
（13） 竹山説三，「電磁気学現象論」，丸善（1972）
（14） 深見正，深澤一幸，「電検第3種 これだけシリーズ(3) これだけ機械」，電気書院（2005）
（15） 難波江 他，「基礎電気機器学」，電気学会（1998）
（16） 神田崇幸，曽根初昭，角田和久，遠藤隆夫，「1. 冷凍空調技術の変遷，1.1 モータ・インバータの変遷」，冷凍，Vol.85, No.995, pp.3-8（2010）
（17） 松瀬貢規，「電動機制御工学―可変速ドライブの基礎―」，電気学会大学講座，電気学会（2007）
（18） 金東海，「現代電気機器理論」，電気学会大学講座，電気学会（2010）
（19） 安部可治，「パワーエレクトロニクスとシステム制御」，オーム社（1991）
（20） 大野栄一編，「パワーエレクトロニクス入門」，オーム社（2009）
（21） 川上一郎，「数値計算 理工系の数学入門コース8」，岩波書店（1998）
（22） 中田高義，高橋則雄，「電気工学の有限要素法」第2版，森北出版（2007）
（23） 上山直彦編，「モータエレクトロニクス入門」，オーム社（1992）
（24） 曽根悟，松井信行，堀洋一編，「モータの辞典」，朝倉書店（2007）
（25） モータ技術用語辞典編集委員会，「モータ技術用語辞典」，日刊工業新聞社（2002）
（26） 高橋寛監，「わかりやすい電気基礎」，コロナ社（2003）
（27） 猪狩武尚，市川友之，「三相二相変換における数値係数と変換の物理的意味に関する考察」，電気学会論文誌D，Vol.107, No.12（1987）
（28） 三上浩幸，井出一正，清水幸昭，妹尾正治，関秀明，「進化するモータ」，日立評論，Vol.92, No.12, pp.46-51（2010）
（29） P.L. Alger, "Induction Machines", Gordon and Breach Science Publishers（1970）

索　引

数字・欧字

2Cold 1Hot	42
3相かご形誘導モータの回路方程式	35
3相2極モータのコイル配置	65
3相誘導モータ	39,63,75
ACサーボモータ	91
B-Hカーブ	21,25,26,32,99
DCサーボモータ	93
d軸-q軸	33,36,60
d-q軸座標系	54
electric motor	1
HB形ステッピングモータ	80
PM形ステッピングモータ	79
S-Tカーブ	69
V曲線	104
V/f一定制御	46,71
VR形ステッピングモータ	78,85
Y-Δ始動	71
$α$-$β$座標系	33
$γ$-$δ$座標系	33,54

あ行

アウターロータ形モータ	5
圧電素子モータ	105
アラゴの円板	2,62,68
アルニコ磁石	14
アルミアンペアの右ネジの法則	2,13,29,65,68
インダクタンス	20,34,104
インバータ	2,43
インバータ運転	71
渦電流	19,27,68,100
運動方程式	32
永久磁石	12,35
エンコーダ	53,90,92
オープンループ制御	81
温度	12,20,42,44,47,48,51
温度上昇	47

か行

界磁回路	97
界磁制御	98

回生制動	71
回転子	39
回転磁界	24,29,65,68,74,101
――の回転状態	66
回転子磁石の配列	61
回転数変更	71
回転力	22
かご形回転子	23,65,75,101
渦電流	20
渦電流損	27
慣性モーメント	32,41
機械角	28,67
機械損	11,97
規格	55
起磁力	17,25
ギャップ	39,64,88
ギヤーモータ	71
逆起電力	23,62,98
極数	25,29
極数変換モータ	71
空圧	1
くまとりコイル単相誘導モータ	76
減磁曲線	14
コアレスモータ	63
交直両用モータ	4,82
効率	1,2,13,57,71,101
交流磁束	30
交流整流子モータ	82
交流直巻モータ	82
交流モータ	4
コギングトルク	50
固定子	39
コンデンサ	71,73,74,104

さ行

サーボモータ	3,90
最高回転数	24,97
座標変換式	34
サマリウムコバルト磁石	14
磁化	15
磁界	15,106
磁化力	25
磁気回路	16,18
磁気吸引力	11,21,87
磁気抵抗	18,30
――トルク	23
磁気浮上式鉄道	87
磁気力	15,87
自己インダクタンス	20,32,33
磁石	11,12
磁石配置	60
磁性体	15
磁束	12,15,16,30,31,87
交流――	30
直流――	30
漏れ――	19
磁束の最大値	31
磁束密度	11,15,16,32

始動時間	42	騒音	8,44,58
始動電流	69,71,98	相互インダクタンス	21,32,33
集中巻	58	速度起電力	23
出力計算式	51	速度-トルクカーブ	70,75,100,103
仕様	37	ソリッドロータ誘導モータ	76
消磁	15		
磁力線	15	**た行**	
新幹線のモータ	63	脱出トルク	103
進行磁界	67,87	単相交流整流子モータ	82
浸透深さ	29	単相誘導モータ	74
振動	8,58	短絡リング	75
スイッチドリラクタンスモータ		超音波モータ	105
	2,23,79,84,85	超電導モータ	8
スイッチング周波数	45	超電導直流電磁石	87
スカラ型マニピュレータ	92	直接トルク制御	46
ステッピングモータ	23,77	直流磁束	30
すべり	69,71	直流制動	71
スライダック	98	直流モータ	4,57,95
スリップリング	28,73,101	直流モータの動作原理	95
スロット数	62	定格	37,69
静電モータ	104	抵抗制御	98
静電力	104	抵抗法	47
制動時間	42	低周波始動	101
整流子	27,82,83,93,95	ディスク形モータ	5
積層鉄板	39	鉄損	11,27,97
絶縁	12,37,47,51	電圧制御	98
――階級	39	電圧ブースト	73
――抵抗（計）	48,49	電界	104
センサレス制御	53,54	電気回路	18

索引

電気角	29,67
電機子	98
電気自動車	57
電気用品安全法	38,55
電磁鋼板	25
電磁石	13,28
電車のモータ	63
電磁力	11,15,22,96,104
電動化	1
銅	2,29,65
同期速度	25,67,69,89,103
同期モータ	4,28,87,100
同期回転数	25,36,52
透磁率	17
銅損	11,29,97
導電率	18,29
特殊モータ	4
特性カーブ	69
特性計算	52
特性試験	49
トライアック	46
トルク	11,22,32,97,103
トルクカーブ	73
トルク角	103
トルク計算式	51
トルクリップル	50,62

な行

ネオジウム磁石	14

は行

パーミアンス係数	15,16
ハイブリット（HB）型	78
ハイブリッド自動車	57
端効果	87,90
はずみ車効果	41
発電制動	71
バリアブルリラクタンス型	78
パワーエレクトロニクス	43
非磁性体	17,19,27
ヒステリシスカーブ	26,34
ヒステリシス損	27
ヒステリシスモータ	99
非線形	11,21,25,31,34
比透磁率	17
表皮効果	29
ファラデーの電磁誘導の法則	20
フィードバック制御	91
風損	11,97
負荷トルク	32,42
浮上力	87
フェライト磁石	14
ブラシ	27,28,82,83,94,95,98
ブラシレスDCモータ	2,3,9,27,35,57,95
ブラシレスDCモータの回路方程式	35
プラッキング	71
ブレーキ時間	42

索引

ブレーキトルク	32,42
ブレーキモータ	71,93
フレミングの左手の法則	
	11,22,24,60,68,93
フレミングの右手の法則	23,24
ベアリング	40
ベクトル制御	46
ホール素子	27,58
保護形式	40
ポジショントルク	50
保持力	81,87,106

ま行

巻線形誘導モータ	28,73
マトリックスコンバータ	44
銘板	37
モータ生産台数	3
モータドライブ技術	46
モータトルク	32
モータの運動方程式	32
モータの温度	47
モータの選定	53
モータの特性比較	107
モータの分類	4
漏れ磁束	16,19,27

や行

油圧	1
有限要素法	52
誘導起電力	20,96,97,98
誘導電流	20
誘導同期モータ	101
誘導モータ	4,101
ソリッドロータ――	76
単相――	73
――の回転の原理	68
――の故障分類	49
ユニバーサルモータ	82
弱め磁界	24,62

ら行

リアクトル	2,16,23
力率	52,69,71,104
リニアモータ	4,87
リラクタンストルク	23
レアアース	14
レンツの法則	19,68
励磁電流	22,32,69
漏洩磁束	19
ロータリーエンコーダ	93
ローレンツ力	15

原理からわかる　モータ技術入門

平成 23 年 10 月 31 日　発　　　行
令和元年 8 月 30 日　第 3 刷発行

著作者　石　橋　文　徳

発行者　池　田　和　博

発行所　丸善出版株式会社
〒101-0051　東京都千代田区神田神保町二丁目 17 番
編集：電話（03）3512-3266／FAX（03）3512-3272
営業：電話（03）3512-3256／FAX（03）3512-3270
https://www.maruzen-publishing.co.jp

©Fuminori Ishibashi, 2011

組版／中央印刷株式会社
印刷・製本／大日本印刷株式会社

ISBN 978-4-621-08452-6 C 3053　　　　　Printed in Japan

JCOPY〈（一社）出版者著作権管理機構　委託出版物〉
本書の無断複写は著作権法上での例外を除き禁じられています．複写
される場合は，そのつど事前に，（一社）出版者著作権管理機構（電
話03-5244-5088，FAX 03-5244-5089，e-mail：info@jcopy.or.jp）の
許諾を得てください．